Wissenschaftliche Taschenbücher WTB

Mathematik · Physik

Ulrich Röseberg

Quantenmechanik und Philosophie

Akademie-Verlag · Berlin

WTB Wissenschaftliche Taschenbücher

Zuletzt erschienene Bände:

JOACHIM BELLACH / PETER FRANKEN
ELKE WARMUTH / WALTER WARMUTH
Maß, Integral
und bedingter Erwartungswert

EDUARD HERLT / NIKOLAUS SALIÉ
Spezielle Relativitätstheorie

DIERCK-EKKEHARD LIEBSCHER
Relativitätstheorie
mit Zirkel und Lineal

WOLFGANG MEILING
Digitalrechner
in der elektronischen Meßtechnik
Teil 1: Meßmethodik
Teil 2: Gerätetechnik
und Anwendungen

PETER PAUFLER
GUSTAV E. R. SCHULZE
Physikalische Grundlagen
mechanischer Festkörpereigenschaften
Teil I und II

ALBRECHT ROST
Messung
dielektrischer Stoffeigenschaften

J. V. SAČKOV
Wahrscheinlichkeit und Struktur

HANS-GEORG SCHÖPF
Von Kirchhoff bis Planck
Theorie der Wärmestrahlung
in historisch-kritischer Darstellung

VOLKMAR SCHURICHT
Kernexplosionen für friedliche Zwecke

NORBERT SIEBER
HANS-PETER LEIDHOLD
Einführung in die Datenverarbeitung

GERHARD WUNSCH
Zellulare Systeme

JOACHIM AUTH / DIETMAR GENZOW
KLAUS H. HERRMANN
Photoelektrische Erscheinungen

HANS BANDEMER
ANDREAS BELLMANN
WOLFHART JUNG / KLAUS RICHTER
Optimale Versuchsplanung

FRANK BEICHELT
Prophylaktische Erneuerung
von Systemen

DIETRICH BENDER
ERNST-EGON PIPPIG
Einheiten, Maßsysteme, SI

WOLFRAM BRAUER
HANS-WALDEMAR SRTEITWOLF
Theoretische Grundlagen
der Halbleiterphysik

SIEGFRIED BREHMER
Einführung in die Maßtheorie

JOHN CUNNINGHAM
Vektoren

Festkörperphysik
Entwicklungstendenzen und
Anwendungsmöglichkeiten

HANNELORE FISCHER
JOACHIM PIEHLER
Modellsysteme
der Operationsforschung

HERBERT GOERING
Asymptotische Methoden zur Lösung von Differentialgleichungen

HERBERT GOERING
Elementare Methoden zur Lösung von Differentialgleichungsproblemen

W. R. HINDMARSH
Atomspektren

V. I. KARPMAN
Nichtlineare Wellen in dispersiven Medien

DIETER KRESS
Theoretische Grundlagen der Signal- und Informationsübertragung

W. S. LETOCHOW
Laserspektroskopie

HARRY PFEIFER
Theorie linearer Bauelemente
Elektronik für den Physiker I

HARRY PFEIFER
Die Elektronenröhre
Elektronik für den Physiker II

HARRY PFEIFER
Schaltungen mit Elektronenröhren
Elektronik für den Physiker III

HARRY PFEIFER
Leitungen und Antennen
Elektronik für den Physiker IV

HARRY PFEIFER
Mikrowellenelektronik
Elektronik für den Physiker V

HARRY PFEIFER
Halbleiterelektronik
Elektronik für den Physiker VI

HARRY PFEIFER / W. HEINK
Schaltungen mit Transistoren
Elektronik für den Physiker VII

J. H. SANDERS
Die Lichtgeschwindigkeit

E. M. SAWIZKI
Perspektiven der Metallforschung

Die Schöpfer der physikalischen Optik
Eine Artikelsammlung

GUSTAV E. R. SCHULZE
Beiträge zur Entwicklung der Metallphysik

HANS-JÜRGEN TREDER
Elementare Kosmologie

R. A. R. TRICKER
Die Beiträge von Faraday und Maxwell zur Elektrodynamik

R. A. R. TRICKER
Frühe Elektrodynamik

RENATE WAHSNER
Mensch und Kosmos
Die copernicanische Wende

PAUL HOFFMANN
Photosynthese

JOACHIM NITSCHMANN
Entwicklung bei Mensch und Tier

DIETER SPAAR
HELMUT KLEINHEMPEL
HANS-JOACHIM MÜLLER
KLAUS NAUMANN
Bakteriosen der Kulturpflanzen

GÜNTER TEMBROCK
Grundlagen des Tierverhaltens

MICHAEL THEILE
SIEGFRIED SCHERNECK
Zellgenetik

REGINE WITKOWSKI
FALKO H. HERRMANN
Einführung in die klinische Genetik

GERALD WOLF
Neurobiologie

WERNER DÖPKE
Stereochemie organischer Verbindungen

GERHARD GEISELER / HEINZ SEIDEL
Die Wasserstoffbrückenbindung

SIEGFRIED HAUPTMANN
Über den Ablauf organisch-chemischer Reaktionen

HELMUT HRAPIA
Einführung in die Chromatographie

DIETER ONKEN
Steroide

BURKART PHILIPP
GERHARD REINISCH
Grundlagen der makromolekularen Chemie

GÜNTHER WAGNER
HANS KÜHMSTEDT
Pharmazeutische Chemie

ADOLF ZSCHUNKE
Kernmagnetische Resonanzspektroskopie in der organischen Chemie

Vorschau auf die nächsten Bände:

HEINRICH ARNOLD
Physikalische Chemie der Halbleiter

SIEGFRIED BREHMER
Hilbert-Räume und Spektralmaße

HEINRICH BREMER
KLAUS-PETER WENDLANDT
Heterogene Katalyse

GOTTFRIED FRITZSCHE
Grundlagen und Entwurf passiver Analogzweipole
Netzwerke I
Entwurf passiver Analogvierpole
Netzwerke II

EBERHARD HOFMANN
Funktionelle Biochemie des Menschen
Band 1 und 2

DIETER LEUSCHNER
Grundbegriffe der Thermodynamik

KARLHEINZ LOHS
DIETER MARTINETZ
Entgiftung – Mittel, Methoden und Probleme

HORST MELCHER
Albert Einstein wider Vorurteile und Denkgewohnheiten

L. I. MIROSCHNITSCHENKO
Kosmische Strahlen im interplanetaren Raum

DIETER ONKEN
Antibiotika – Chemie und Anwendung

STEPHAN SCHNITZLER
Pharmakologische Aspekte von Immunreaktionen

WTB

BAND 192

Ulrich Röseberg

Quantenmechanik und Philosophie

Mit 1 Abbildung

AKADEMIE-VERLAG · BERLIN

Reihe MATHEMATIK UND PHYSIK

Verfasser:
Dr. phil. Ulrich Röseberg
Zentralinstitut für Philosophie
Akademie der Wissenschaften der DDR

1978
Erschienen im Akademie-Verlag, 108 Berlin, Leipziger Str. 3—4

Lizenznummer: 202 · 100/446/78
Herstellung: VEB Druckhaus „Maxim Gorki", 74 Altenburg
Bestellnummer: 762 341 6 (7192) · LSV 0154
Printed in GDR
DDR 12,50 M

Vorwort

Die vorliegende Untersuchung entstand im Bereich Philosophische Fragen der Wissenschaftsentwicklung des Zentralinstituts für Philosophie der AdW der DDR. Sie ist Bestandteil der Bemühungen dieses Bereichs, die bisher erreichten Ergebnisse bei der Erforschung philosophischer Fragen der Wissenschaftsentwicklung auf dialektisch-materialistischer Grundlage zusammenzufassen, die vorliegende Konzeption zum Verhältnis der marxistisch-leninistischen Philosophie zu den anderen Wissenschaften zu präzisieren und davon ausgehend eigene Forschungsbeiträge zu leisten.

Dem Autor ist es ein Bedürfnis, Prof. Dr. sc. H. Hörz für die stete Förderung der Arbeit und zahlreiche hilfreiche Diskussionen an dieser Stelle besonders zu danken. Er schuldet weiterhin den Professoren Alexander, Čirikov, Kaschluhn, Korch, Ley, Schmutzer, Schöpf, Treder und Vogel (†) Dank für vielfältige Anregungen.

Die Arbeit wäre ohne die hilfreiche Unterstützung zahlreicher Kooperationspartner des Bereichs in der DDR und im Ausland nicht möglich gewesen. Besonders danke ich der von Prof. Dr. M. E. Omeljanowski geleiteten Abteilung Philosophische Fragen der Naturwissenschaften des Instituts für Philosophie der AdW der UdSSR.

Berlin, August 1978 Ulrich Röseberg

Inhaltsverzeichnis

0. Einleitung

Die Geschichte der Quantentheorie kennt viele bis in die Gegenwart reichende Auseinandersetzungen um ihre weltanschaulichen, erkenntnistheoretischen und methodologischen Fragen. Dabei geht es sowohl um die philosophischen Probleme im physikalischen Forschungsprozeß als auch um die philosophischen Verallgemeinerungen der neuen physikalischen Erkenntnisse.

Viele der maßgeblich an der Entwicklung der Quantentheorie beteiligten Physiker haben ihre Auffassungen zu diesen Fragen dargelegt. Die verschiedenen wissenschaftsphilosophischen Strömungen der Gegenwart haben die neuen Erkenntnisse in der Physik philosophisch auf eine ihnen gemäße Weise reflektiert. Entsprechend umfangreich ist daher heute die Literatur zum Komplex der philosophischen Fragen der Quantentheorie.[1])

In Übereinstimmung mit dem wissenschaftlichen Herangehen an alle philosophischen Fragen hat die marxistisch-leninistische Philosophie der Entwicklung der Quantentheorie und ihrer Herausforderung an das philosophische Denken unserer Zeit große Aufmerksamkeit gewidmet. Der Dialog von Vertretern des dialektischen Materialismus mit Physikern führte zu einem immer besseren gegenseitigen Verständnis und mündete schließlich in verschiedene Formen der Zusammenarbeit. Von Physikern und Philosophen sind auf dialektisch-materialistischer Grundlage international beachtete Untersuchungen zu philosophischen Fragen der Quantentheorie vorgelegt worden.[2]) Ausgehend von gemeinsamen philosophischen Grundpositionen kommen die Autoren darin auch zu verschiedenen Auffassungen über philosophische und physikalische Detailprobleme, die der weiteren Forschung unterliegen.

Die vorliegende Quantenmechanik hat sich bestens bewährt. Die Spektren von Atomen und Molekülen, der Aufbau von Atomen, die Zerfalls- und Syntheseprozesse von Kernen u. a. physikalische Erscheinungen der Mikrowelt lassen sich mit dieser Theorie vollständig erklären. Keine der zahlreichen Überprüfungen der Quantenmechanik hat bisher zu signifikanten Abweichungen der experimentellen Daten von den theoretischen Voraussagen geführt. Es gibt bislang keine Hinweise darauf, daß die Quantenmechanik eine zu schmale theoretische Basis für die Behandlung von chemischen Verbindungen und den Aufbau von Festkörpern ist. Sowohl in der Quantenchemie als auch in der Festkörperphysik geht man davon aus, daß die praktischen Schwierigkeiten bei entsprechenden Berechnungen lediglich der Komplexität der jeweiligen Objekte geschuldet sind, nicht aber prinzipielle theoretische Schwierigkeiten darstellen.

Die Quantenmechanik ist als physikalische Theorie ein in sich geschlossener Komplex entsprechend definierter Begriffe, wohlbestimmter Gesetze und deren Bedingungen. Sie verfügt über einen hochentwickelten mathematischen Apparat (Darstellung im HILBERT-Raum) und eine von allen Physikern für praktische Anwendungen gleichermaßen gehandhabte Interpretation dieses Apparates (Statistik).

Im krassen Gegensatz zu dieser scheinbaren Klarheit in den theoretischen Grundlagen der Quantenmechanik halten die Diskussionen der Physiker um die Bedeutung quantenmechanischer Wahrscheinlichkeitsaussagen weiter an, wird immer noch kontrovers über die Vollständigkeit der Theorie und die Möglichkeit ihrer Ergänzung durch verborgene Parameter diskutiert. Trotz zahlreicher Überlegungen zur Meßproblematik muß man nach wie vor konstatieren: Es gibt keine allgemein akzeptierte explizite Theorie des quantenmechanischen Meßprozesses.

Wie sind derartige tiefgreifende Probleme und Meinungsverschiedenheiten in den Grundlagen einer Theorie möglich, die als gesichert gilt und über zahlreiche Lehrbuchdarstellungen verfügt? Inwiefern sind die angeführten und weitere im einzelnen noch zu behandelnde Probleme und Meinungsverschiedenheiten auf unterschiedliche philosophische Positionen zurückzuführen? Betreffen sie nur die Interpretation bereits feststehender Resultate oder haben sie auch Einfluß auf die weitere Forschungsstrategie?

Solche Fragen wird man schwerlich beantworten können, wenn man die Geschichte der bisherigen Diskussionen unberücksichtigt läßt. Allein die Orientierung in physik- und philosophiehistorischen Dimensionen vermag die notwendigerweise auftretende Enge in den Standpunkten jeder der engagiert streitenden Parteien einigermaßen zuverlässig zu kompensieren.

Während die Geschichte der Quantentheorie im allgemeinen und die Geschichte der Quantenmechanik im besonderen bereits ziemlich gründlich untersucht wurden,[3]) ist die Geschichte der philosophischen Auseinandersetzungen um die entsprechenden Grundlagenprobleme bisher weitaus weniger intensiv bearbeitet worden.

In der marxistisch-leninistischen philosophischen Literatur gibt es zahlreiche Arbeiten zu bestimmten Phasen des Gesamtprozesses. Es gibt aber kaum Versuche, die Entwicklung der philosophischen Auseinandersetzungen um die Quantentheorie von der Formulierung der PLANCKschen Hypothese aus dem Jahre 1900 bis zu den gegenwärtigen Diskussionen von Grundlagenproblemen der vorliegenden nichtrelativistischen Quantenmechanik einzuschätzen. Ein solcher Versuch soll hier unternommen werden.

Im Mittelpunkt der Untersuchung stehen die philosophischen Fragen der Herausbildung, Interpretation und möglichen Weiterentwicklung einer *bestimmten* physikalischen Theorie. Bisher ist es weder für diese noch für eine andere physikalische Theorie gelungen nachzuweisen, daß die jeweils konkreten gesellschaftlichen

Bedingungen, unter denen sie entwickelt wurde, in der Theorie selbst aufzeigbare Folgen hätten. Daher sind die historisch-materialistischen Dimensionen der Untersuchung notwendigerweise auf die Analyse der Bedingungen beschränkt, unter denen die weltanschaulichen, erkenntnistheoretischen und methodologischen Fragestellungen erörtert wurden.

Die mit den Möglichkeiten des militärischen Mißbrauchs bzw. der friedlichen Nutzung der Atomenergie verbundenen Auseinandersetzungen um die Verantwortung des Wissenschaftlers sind außerordentlich wichtige Themen des philosophisch-weltanschaulichen und des weltanschaulich-ideologischen Kampfes zwischen Sozialismus und Imperialismus.[4]) Die dabei zu behandelnden Probleme sind aber keine Fragen, die direkt mit der Spezifik der Beziehungen von Quantenmechanik und Philosophie in Zusammenhang stehen.

Aus der Behandlung erkenntnistheoretischer und methodologischer Fragen der Quantenmechanik wurden sehr oft Verallgemeinerungen für andere Wissenschaften versucht. Insbesondere mit dem BOHRschen Komplementaritätsprinzip sind zahlreiche Bemühungen verbunden, die Beziehungen von Physik, Chemie und Biologie, von Physiologie und Psychologie u. a. zu präzisieren.[5]) Es hat nicht an Versuchen gefehlt, die Problematik der sogenannten Willensfreiheit quantenmechanisch zu lösen.[6]) Neuerdings werden die teilweise strittigen Grundlagenprobleme der Quantenmechanik benutzt, die Berechtigung der Parapsychologie zu postulieren.[7]) Durch solche und andere Arbeiten werden die Beziehungen von Quantenmechanik und Philosophie weit über jenen von der Physik überschaubaren Bereich ausgedehnt. Um derartige Fragen aber sinnvoll angehen zu können, ist zunächst erst einmal Klarheit über diese Beziehungen am Material der Physik zu gewinnen. Die vorliegende Untersuchung grenzt daher den Kreis der zu behandelnden Fragen bewußt auf die philosophischen Probleme der Physikentwicklung ein.

Dabei ergeben sich aus der Beschränkung auf die nichtrelativistische Quantenmechanik eine Reihe weiterer schwerwiegender Folgen. So fallen aus dieser Untersuchung beispielsweise die philosophisch höchst relevanten Probleme im Zusammenhang mit den Versuchen heraus, eine einheitliche Theorie aller Teilchen und ihrer physikalischen Wechselwirkungen zu schaffen.[8]) Es besteht aber kein Zweifel, daß die Klärung der philosophischen Fragen der Theorie des Atoms zu den Voraussetzungen einer erfolgreichen Bearbeitung der noch komplizierteren philosophischen Probleme beim weiteren Eindringen in die Gesetze der Mikrophysik gehört.

Da insbesondere die Theorie des quantenmechanischen Meßprozesses und die Fragen nach der Vollständigkeit der seit 1925 von Heisenberg, Born, Jordan, Schrödinger, Bohr, Dirac u. a. entwickelten Quantenmechanik weiterhin Fragen der physikalischen Grundlagenforschung bleiben[9]), sind historische Untersuchungen der philosophischen Problemsicht auch in diesem Zusammenhang von Interesse. Das reichhaltige Material der philosophischen Diskussionen zu Grundlagenproblemen der Quantenmechanik ist darüber hinaus aber zugleich besonders gut geeignet, die wechselseitigen Beziehungen der Philosophie zu den anderen Wissenschaften zu erhellen und die praktisch bewährte Konzeption zur schöpferischen Gestaltung dieser Beziehungen auf marxistisch-leninistischer Grundlage weiter zu präzisieren.

Die historische Analyse der Beziehungen von Quantenmechanik und Philosophie macht einen komplizierten Erkenntnisprozeß zum Gegenstand, in dem keiner der beteiligten Wissenschaftler ewige Wahrheiten zu verkünden hatte bzw. zu verkünden hat. Jede ernsthafte Bemühung um die Lösung der anstehenden Fragen ist es wert, kritisch durchdacht zu werden. Gleichzeitig muß man aber berücksichtigen, daß eine Reihe bürgerlicher *Ideologen* sich philosophischer Problemstellungen aus der Quantenphysik für spezifische Zwecke bedient, ohne einen eigenen Beitrag zu deren Lösung anzustreben. In solchen Fällen genügt der Nachweis der apologetischen Absichten. — Im Mittelpunkt der weiteren Betrachtungen stehen vor allem die Auseinandersetzungen um die philosophisch-weltanschaulichen Fragestellungen, die die Entwicklung der Quantenmechanik selbst auf die Tagesordnung gesetzt hat.

Eine Einschätzung des gegenwärtigen Standes und der Geschichte der Erforschung philosophischer Fragen der Quantenmechanik hat auszugehen von den Diskussionen der Akteure des physikalischen Erkenntnisfortschrittes. Gleichzeitig müssen die Reaktionen der wesentlichsten wissenschaftsphilosophischen Strömungen auf diese Entwicklung kritisch analysiert werden. Erst auf der Grundlage dieses Materials läßt sich die Tragfähigkeit unterschiedlicher Konzeptionen zum Verhältnis der Philosophie zu den anderen Wissenschaften sachkundig beurteilen. Im weiteren kommt es daher darauf an, ausgehend von der zweckmäßigsten Konzeption zum Verhältnis Philosophie/Wissenschaften[10]) die historisch bereits erörterten philosophischen Fragen der Quantenmechanik neu zu durchdenken und mit der weiteren Wissenschaftsentwicklung auftauchende Problemstellungen zielstrebig zu bearbeiten.

1. Plancksches Wirkungsquantum

Am 14. Dezember 1900 hielt M. PLANCK auf der Sitzung der Deutschen Physikalischen Gesellschaft seinen berühmt gewordenen Vortrag „Zur Theorie des Gesetzes der Energieverteilung im Normalspektrum".[1]) Er gab darin eine theoretische Begründung für seine wenige Wochen früher gefundene Strahlungsformel des schwarzen Körpers. Erstmalig wurde dabei die Energie nicht als kontinuierliche Größe angesehen, sondern „als zusammengesetzt aus einer ganz bestimmten Anzahl endlicher gleicher Teile"[2])

$$\varepsilon = h\nu \tag{1}$$

unterstellt. PLANCK bediente sich der von ihm bereits 1899 ermittelten Naturkonstanten h, deren Wert heute mit $h = 6.62559\ (16) \cdot 10^{-27}$ erg s angegeben wird.[3])

Diese Naturkonstante trägt PLANCKS Namen zu Recht. Er hat sie in die Physik eingeführt, auf ihrer Grundlage ein System der „natürlichen Maßeinheiten" diskutiert[4]) und in der Herleitung der Strahlungsformel des schwarzen Körpers erstmalig prinzipiellen Gebrauch von dieser Größe gemacht. Die gesamte moderne Quantentheorie kann man als eine physikalische Theorie ansehen, in der die Rolle des PLANCKschen Wirkungsquantums im System der Naturgesetze geklärt wird. Anknüpfend an PLANCKS Überlegungen zu den „natürlichen Maßeinheiten" ergeben sich heute weitreichende Fragen über den Zusammenhang fundamentaler physikalischer Theorien[5]) und die Möglichkeiten der weiteren Theoriendynamik in diesem Bereich.[6])

Die Tragweite der PLANCKschen Hypothese von der Quantelung der Energie konnte im Jahre 1900 noch nicht abgeschätzt werden. PLANCK selbst hat immer wieder versucht, die von ihm eingeleitete revolutionäre Entwicklung der Physik abzuschwächen und in eine einfache Evolution des klassischen physikalischen Denkens zu überführen. Der Rolle des Revolutionärs wider Willen entsprechen seine später gegebenen Selbstdarstellungen der entscheidenden Überlegungen aus dem Jahre 1900. Er sprach dabei sogar von einem „Akt der Verzweiflung".[7])

Wie jede entscheidende Wende im physikalischen Denken erschien die hypothetische Formulierung des PLANCKschen Wirkungsquantums als eine aus der physikalischen Forschung erwachsende Notwendigkeit, die engstens mit philosophisch-weltanschaulichen Fragestellungen verknüpft war. Im Falle dieser Entdeckung waren die weltanschauliche Position und die erkenntnistheoretisch-methodologischen Auffassungen PLANCKS von fundamentaler Bedeutung für den physikalischen Erkenntnisfortschritt.[8])

1.1. Zum Charakter der philosophisch-weltanschaulichen Auseinandersetzungen im Vorfeld der Planckschen Entdeckung

Bei der philosophischen Analyse der PLANCKschen Entdeckung verdienen zwei Momente besondere Aufmerksamkeit, die man nicht losgelöst von den philosophischen Auseinandersetzungen der Physiker um die Jahrhundertwende betrachten kann. Es sind dies PLANCKS Hinwendung zur statistischen Methode BOLTZMANNS und zum Atomismus sowie die damit verbundene naturwissenschaftliche Begründung des philosophischen Materialismus einerseits und seine Position zum Verhältnis von Empirie und Theorie andererseits. Dabei sah er sich vor allem mit dem Positivismus konfrontiert, der vorgab, traditionelle philosophische Probleme zu eliminieren, in Wirklichkeit aber damals mit empiristischen (später auch mit rationalistischen) Argumenten deren subjektiv-*idealistische* Lösungen unterstellte.

Ohne die Bedeutung zu erahnen, die der Empiriokritizismus in den philosophischen Auseinandersetzungen der Physiker um die Jahrhundertwende spielen sollte, stellte ENGELS gegen 1878 fest, daß entscheidende Fortschritte in der naturwissenschaftlichen Forschung unbedingt des theoretischen Denkens bedürfen.[9]) ENGELS geißelte die zu seiner Zeit unter Naturforschern weit verbreiteten empiristischen Tendenzen und machte selbst bei HEGEL nicht halt[10]), dessen Dialektik er in materialistischer Umkehrung mit MARX als das philosophisch entscheidende Mittel erkannt hatte, die metaphysische Alternativentscheidung zwischen Empirismus und Rationalismus in einer dialektisch-materialistischen Erkenntnistheorie aufzuheben. Mit dieser Erkenntnistheorie lag eine philosophisch bedeutsame Kritik des von MACH, AVENARIUS, OSTWALD, HELM u. a. zum Programm erhobenen Empirismus bereits vor, noch ehe der Empiriokritizismus bzw. die Energetik Einfluß auf die erkenntnistheoretisch-methodologischen Überlegungen der Physiker haben konnten.

Gleichzeitig mit der ENGELSschen Kritik am Empirismus stießen weitblickende theoretische Physiker wie BOLTZMANN auf die Gefahr, die dem Wissenschaftsfortschritt droht, wenn man empiristische Orientierungen zur Wissenschaftsstrategie macht. ENGELS und BOLTZMANN sahen, daß der Empirismus Gefahr läuft, in Idealismus zu münden. Während sich ENGELS mit MARX bei der Verteidigung des Materialismus der bewußt gehandhabten Theorie und Methode der Dialektik bediente, stieß die BOLTZMANNsche Verteidigung des Materialismus vielfach auf einen Zwang zur Dialektik, ohne daraus die Notwendigkeit zu einer bewußten dialektischen Denkweise abzuleiten.

Sowohl die Auseinandersetzungen der Physiker um den Atomismus als auch um die Beziehungen von

Empirie und Theorie waren in der 2. Hälfte des 19. Jahrhunderts eingebettet in die Auseinandersetzungen um die Frage, ob eine durchgängig mechanische Naturerklärung möglich sei. Das physikalische Programm des mechanischen Materialismus[11]), Forschungsprogramm der Physik über zwei Jahrhunderte, war damals noch nicht auf seine Grenzen gestoßen. Viele Physiker gingen noch davon aus, daß die Physik zu einem einheitlichen physikalischen Weltbild auf der Grundlage der klassischen Mechanik kommen könnte.[12]). Mit der Entwicklung der Thermodynamik und der Elektrodynamik wurden aber zugleich auch die Überlegungen verstärkt, woher eigentlich diese Überzeugung stammt und ob sie kritischen Reflexionen über die Methoden naturwissenschaftlicher Forschungen auf die Dauer standhalten kann.[13]).

Die Entdeckung der Röntgenstrahlen (1895) und der Radioaktivität (1896), die Hinweise auf das Elektron (1897) sowie die Einführung des Wirkungsquantums (1900) veränderten die Situation in den Grundlagen der Physik radikal. Die angeführten Entdeckungen gelten heute als Belege dafür, daß die klassische Mechanik nicht die physikalische Einheitstheorie sein kann, aus der sich alle anderen Theorien der Physik deduktiv ableiten lassen. Um die Jahrhundertwende aber mußte erst noch erkannt werden, daß mit diesen Entdeckungen der mechanische Materialismus nicht einmal mehr als philosophische Grundlage der Physik gelten konnte.

HEGEL hatte auf dem Höhepunkt der klassischen bürgerlichen deutschen Philosophie den mechanischen Materialismus verächtlich gemacht und dabei gleichzeitig wesentliche Voraussetzungen des philososophischen Denkens der klassischen Physik angegriffen. Die in seiner Tradition verbleibende spekulative Naturphilosophie wurde von den Physikern des 19. Jahrhunderts fast ausnahmslos abgelehnt. Der von COMTE für die Sozialphilosophie eingeführte Positivismus, dessen philosophiehistorische Wurzeln bis auf HUME und BERKELEY zurückreichen, gewann vor allem in Gestalt des von

Mach und Avenarius begründeten Empiriokritizismus gegen Ende des 19. Jahrhunderts auch unter Physikern an Popularität. Von besonderer Anziehungskraft auf empirisch orientierte Forscher waren dabei Machs häufig wiederholte Versicherungen, daß die Physik „Ausdruck des Tatsächlichen" sei und daß sie nicht das Recht habe, über „mittelbar oder unmittelbar durch Beobachtung gegebene physikalische Merkmale oder Charakteristiken" hinauszugehen.[14])

Mach hatte sich in seinen historischen Untersuchungen über die Entstehung und Entwicklung der Mechanik, der Wärmelehre und der Optik das Ziel gesetzt, die physikalischen Begriffe vom „metaphysischen Ballast" zu befreien. Er meinte die philosophisch-weltanschaulichen Voraussetzungen der physikalischen Forschung als reine Mythologie abtun zu können. In Übereinstimmung mit der programmatischen Forderung des Positivismus sollten philosophische Fragestellungen aus der Wissenschaft ausgeklammert werden. Für Mach kam es darauf an, „nicht etwa eine *neue* Philosophie in die Naturwissenschaft einzuführen, sondern eine alte *abgestandene* aus derselben zu entfernen".[15]) Insofern er die Problematik von physikalischen Fragestellungen, die lange Zeit als endgültig geklärt galten („absoluter" Raum, „absolute" Zeit, Gleichzeitigkeit u. a.) wieder ins Bewußtsein der Physiker gerufen hat, gehört er zweifelsohne zu den Wegbereitern revolutionärer Veränderungen in der Physik. Um aber zu tatsächlichen Erkenntnisfortschritten in den Grundlagen dieser Wissenschaft zu kommen, war es erforderlich, die Errungenschaften der materialistischen Tradition im philosophischen Denken der Naturwissenschaftler zu bewahren und die Enge ihres teilweise metaphysischen Materialismus zu überwinden. Mach aber vermochte das nicht. Er formulierte vielmehr eine widersprüchliche, in ihrem Kern subjektiv-idealistische Erkenntnistheorie.[16])

Gegenüber Weltanschauungen, die mit dem Anspruch auftreten, unabhängig von der naturwissenschaftlichen

Forschung unumstößliche, also ewige Wahrheiten über die Struktur der Materie und die Stellung des Menschen in der Welt verkünden zu können, entbehren die positivistischen Einwände nicht eines rationalen Kerns. Der Positivismus wird aber immer dann hilflos, wenn es um die Aufklärung der tatsächlichen Rolle der Weltanschauung in der wissenschaftlichen Forschung geht und die Beziehungen erkenntnistheoretischer und methodologischer Prinzipien zu weltanschaulichen Grundprinzipien aufzuklären sind.

So formulierte MACH in der Auseinandersetzung mit der spekulativen Naturphilosophie die berechtigte These: „Die Naturwissenschaft tritt nicht mit dem Anspruch auf, eine *fertige* Weltanschauung zu sein, wohl aber mit dem Bewußtsein, an einer *künftigen* Weltanschauung zu arbeiten."[17]) Er übersah dabei jedoch, daß die Naturwissenschaft nicht allein an einer Weltanschauung arbeitet und negierte, daß die naturwissenschaftliche Forschung selbst von philosophisch-weltanschaulichen Orientierungen ausgeht. Die Tatsache, daß die Verallgemeinerung der Gesamtheit gesellschaftlicher Erfahrungen, die gesellschaftswissenschaftliche Forschung und die gesamte Geschichte der Philosophie Beiträge zur Entwicklung, Präzisierung und Verteidigung von Weltanschauungen liefert, spielte in den hier zu betrachtenden philosophischen Auseinandersetzungen der Physiker um die Jahrhundertwende keine besondere Rolle. Die Tatsache dagegen, daß auch die Physikentwicklung bestimmter philosophischer Orientierungen bedarf, war dafür von umso größerer Bedeutung.

Es war nur konsequent, wenn MACH auch die Anschauung, daß alle physikalischen Vorgänge mechanisch zu erklären seien, für ein Vorurteil hielt. Die mechanische Naturansicht klassifizierte er als „historisch begreifliche, verzeihliche, vielleicht sogar vorübergehend nützliche, aber im ganzen doch künstliche Hypothese."[18]) Dabei richtete er sich gleichermaßen gegen das daran gekoppelte materialistische Naturverständnis der Mehrzahl der

Physiker wie gegen die methodologische Überzeugung, daß die klassische Mechanik Basistheorie der Physik sei. Den Determinationstyp der Gesetze der klassischen Mechanik in deren NEWTONschen Formulierung hielt er allerdings für den einzigmöglichen.[19])

BOLTZMANN war in der Frage des Determinationstyps physikalischer Gesetze weitaus vorsichtiger als MACH. Er wandte sich aber vor allem gegen dessen Kritik des Materialismus und die damals physikalisch noch nicht ausreichend begründete Ablehnung des physikalischen Forschungsprogramms des mechanischen Materialismus.[20]) Was er 1895 zusammenfassend gegen die Energetik einzuwenden hatte, hätte er sinngemäß auch gegen MACHS Polemik mit der mechanischen Naturanschauung vorbringen können: „Die Möglichkeiten einer mechanischen Erklärung der ganzen Natur ist nicht bewiesen, ja, daß wir dieses Ziel vollkommen erreichen werden, kaum denkbar. Doch ist ebensowenig bewiesen, daß wir darin nicht noch vielleicht große Fortschritte machen werden, und daraus noch vielfachen neuen Nutzen ziehen können. Niemand kann weiter davon entfernt sein als die Vertreter der heutigen theoretischen Physik, zu behaupten, daß man sicher wisse, daß die in derselben herausgebildeten Denkformen sich ewig als die passendsten erweisen werden. Niemand kann weiter davon entfernt sein, Versuchen andere Denkformen auszubilden, etwas in den Weg zu stellen oder sie von vornherein als verfehlt erklären zu wollen. Doch dürfen dieselben auch nicht, bevor sie wirkliche Erfolge erreicht haben, polemisch gegen die altbewährten Denkformen auftreten oder diese gar als nur wenig verschieden vom völligen Unsinn bezeichnen. Die Ausdrucksweise der allgemeinen theoretischen Physik ist vielmehr heute noch die zweckmäßigste und praktischste, die uralten Bilder der mechanischen Physik sind noch keineswegs überflüssig."[21])

MACHS Überlegungen zu den Grenzen des physikalischen Forschungsprogramms des mechanischen Materialismus waren also auch für BOLTZMANN nicht völlig unberechtigt, konnten aber nicht in dem von Mach erhobenen Absolutheitsanspruch akzeptiert werden. Es entsprach jedoch nicht Boltzmanns Geschmack, „sich über die Frage, welche Denkformen nach Jahrhunderten die zweckmäßigsten sein werden, schon heute den Kopf zu zerbrechen.“[22])

Bereits wenige Jahre nach dieser Formulierung einer pragmatisch begründeten Abwehrposition gegen Machs Methodenkritik zeigte sich, daß es dabei nicht um Diskussionen über die nach Jahrhunderten zweckmäßigsten Denkformen gegangen war. Machs Überlegungen im Vorfeld der Quantentheorie waren also keineswegs völlig unzeitgemäß. Das physikalische Forschungsprogramm des mechanischen Materialismus konnte aber nur an seine Grenzen stoßen, wenn es konsequent weiterverfolgt wurde. Dies hatte Boltzmann betont, während Mach dazu neigte, das bisherige Forschungsprogramm metaphysisch zu negieren.

Machs Feststellung, daß die höchste Philosophie des Naturforschers darin bestehe, „eine unvollendete Weltanschauung zu *ertragen* und einer scheinbar abgeschlossenen, aber unzureichenden vorzuziehen“,[23]) entbehrt dann nicht des rationalen heuristischen Elements, wenn man mit der zu ertragenden „unvollendeten Weltanschauung“ eigentlich die methodologische Feststellung meint, daß die Entscheidung zwischen konkurrierenden Forschungsprogrammen nicht immer eindeutig begründbar ist. Diese Feststellung wird aber, wie Machs Philosophie selbst nachhaltig zeigt, völlig falsch, wenn damit zum Ausdruck gebracht werden soll, daß die Entscheidung zwischen Materialismus und Idealismus offengehalten werden müsse.

Mach hat innerhalb positivistischer Tradition Kritik am physikalischen Forschungsprogramm des mechanischen Materialismus geübt. Die Wirksamkeit dieser Kritik war wegen der subjektiv-idealistischen Momente der Machschen Philosophie stark eingeschränkt. Die Widersprüchlichkeit der Wirkung seiner Arbeiten innerhalb der Physikentwicklung erklärt sich nicht zuletzt aus der Widersprüchlichkeit seiner philosophischen Auffassungen.

Außerhalb der positivistischen Tradition wurde die Frage nach der Begründbarkeit und Berechtigung des physikalischen Forschungsprogrammes des mechanischen Materialismus ebenso lebhaft erörtert wie innerhalb dieser Traditionslinie. Dabei kam philosophisch dem Neukantianismus eine besondere Bedeutung zu.

Gleichzeitig mit dem Ringen der Physiker um die weiteren strategischen Orientierungen ihrer Forschungen hatten MARX und ENGELS den mechanischen Materialismus dialektisch aufgehoben. Unter den Physikern gab es in der zweiten Hälfte des 19. Jahrhunderts kaum noch Forscher, die die Vorstellungen des naturwissenschaftlich orientierten mechanischen Materialismus der englischen bzw. französischen Aufklärung voll akzeptierten. Die Physiker standen auch den Vulgärmaterialisten VOGT, BÜCHNER, MOLESCHOTT skeptisch gegenüber. Sie hatten aber, wie BOLTZMANN u. a. zeigen konnten, Grund am physikalischen Forschungsprogramm des mechanischen Materialismus so festzuhalten, wie es von NEWTON in Umrissen und vor allem von den französischen Physikern des 17. und 18. Jahrhunderts im Detail formuliert worden war. Insofern hatte es durchaus auch für die Physikentwicklung potentiell Bedeutung, daß mit dem dialektischen und historischen Materialismus die philosophischfortschrittlichen Traditionen des mechanischen Materialismus bewahrt und seine die Wissenschaftsentwicklung hemmenden Einseitigkeiten überwunden wurden.[24])

Diese philosophische Entwicklung blieb aber den Physikern auf Grund ihrer gesellschaftlichen Situation, also aus objektiven Gründen, über lange Zeit unbekannt. Der vielfältig vermittelte Einfluß der bürgerlichen Ideologie führte dazu, daß der dialektische Materialismus in die weltanschaulichen Auseinandersetzungen um die entscheidenden erkenntnistheoretischen und methodologischen Fragen der Physikentwicklung nicht einbezogen werden konnte. So kam es, daß LENIN in seiner

Verteidigung und Entwicklung der dialektisch-materialistischen Grundpositionen Bündnispartner unter den Naturwissenschaftlern suchte und fand, denen der dialektische Materialismus gänzlich unbekannt geblieben war. Nach dem Sieg der Großen Sozialistischen Oktoberrevolution entwickelte er das bis heute gültige Programm der Zusammenarbeit marxistischer Philosophen mit den Naturwissenschaftlern, dessen Voraussetzung das Bündnis der dialektischen Materialisten mit den streitbaren Materialisten unter den Naturwissenschaftlern darstellt.[25]) Mit diesem Programm gelang es schließlich, der bürgerlichen Ideologie auch im Bereich der philosophischen Fragen der Wissenschaftsentwicklung die Initiative zu entreißen. Auseinandersetzungen um die philosophisch-weltanschaulichen Fragen der Physik ohne Einbeziehung dialektisch-materialistischer Standpunkte sind *heute* die Ausnahme. Um die Jahrhundertwende war das aber noch die Regel.

Wenn es also um die Entwicklung der Physik und die für diese Entwicklung bedeutsamen philosophischen Diskussionen zu Beginn des 20. Jahrhunderts geht, kann man nicht erwarten, auf dialektisch-materialistische Positionen von Physikern zu stoßen oder explizite Auseinandersetzungen mit dieser Philosophie zu finden. Es muß dabei vielmehr um eine dialektisch-materialistische Analyse der realen Situation gehen, aus der LENINS damalige Feststellung verständlich wird, daß die Physik in Geburtswehen lag und dabei war, den dialektischen Materialismus zu gebären.[26])

1.2. Philosophische Auseinandersetzungen um den Atomismus und ein dialektisches Verständnis der Beziehungen von Empirie und Theorie

In Unkenntnis der Dialektik meinten zahlreiche Physiker an der Wende vom 19. zum 20. Jahrhundert, die Suche nach einer Alternative für das physikalische Forschungsprogramm des mechanischen Materialismus mit der Aufgabe spontan-materialistischer Positionen verbinden zu müssen. Eine der aufsehenerregendsten Debatten entspann sich dabei um die Frage nach der objektiven Existenz von Atomen und die Frage, ob die Atomhypothese zu Recht in eine wissenschaftliche Theorie eingehen dürfe.

Die statistischen Verfahren der kinetischen Gastheorie, die vor allem in den Arbeiten von Boltzmann und Gibbs Früchte getragen hatten, setzten die Existenz von Teilchen in den makrophysikalischen thermodynamischen Systemen voraus. Vieles sprach dafür, diese Teilchen mit den Atomen zu identifizieren, wie sie in der Chemie benutzt wurden. Physikalische Beweise für die Existenz der Atome fehlten allerdings noch.

Mach stellte in Übereinstimmung mit den empirischen Befunden 1883 fest: „Atome können wir nirgends wahrnehmen."[27]) Damit wurden sie aber auf der Grundlage seines subjektiv-idealistischen Erfahrungsbegriffes zu bloßen Gedankendingen, deren Existenz außerhalb und unabhängig vom Bewußtsein nicht sinnvoll behauptet werden konnte. Zudem schrieben die Atomisten diesen Objekten nach Machs Auffassung Eigenschaften zu, die allen bisher beobachteten Eigenschaften makroskopischer Körper widersprachen. Da seine methodologischen Normierungsversuche des Forschungsprozesses es zwar zuließen, Erfahrungslücken durch Vorstellungen auszufüllen, diese Vorstellungen sich aber streng nach dem Prinzip der Kontinuität an die entsprechenden direkten Beobachtungen anschließen mußten, konnte er atomistische Theorien nur als „provisorische Hilfsmittel" gelten lassen. Es blieb zu fordern, nach einem „Ersatz durch natürlichere Anschauung" zu suchen.[28])

Das Machsche Prinzip der Kontinuität bei der Ausfüllung von Erfahrungslücken schloß revolutionäre Veränderungen in der Entwicklung naturwissenschaftlicher Theorien aus und stand damit im eklatanten Widerspruch zur bereits damals überschaubaren realen Theoriendynamik der Physik. Insofern entsprach dieses Prinzip auch nicht den Forderungen der MACHschen Philosophie, ausschließlich von gemachten Erfahrungen auszugehen. Es vernachlässigte die Erfahrungen der Wissenschaftsentwicklung selbst.

BOLTZMANN erkannte, daß die Voraussetzungen der MACHschen Polemik gegen den Atomismus im idealistischen Ansatz der MACHschen Philosophie lagen und verteidigte nicht zuletzt deshalb vor allem den materialistischen Standpunkt. Er verwies darauf, daß sich die Atomhypothese tatsächlich keinesfalls zwangsläufig aus der Erfahrung ergebe, daß sie aber die einzige Grundlage sei, eine Reihe physikalisch durchaus beobachtbarer Erscheinungen zu erklären.[29]) Dabei betonte er den Zusammenhang zweier unterschiedlicher materieller Strukturniveaus. Eine Reihe beobachtbarer makrophysikalischer Phänomene sind erklärbar, wenn man die ihnen zugrundeliegenden mikrophysikalischen Phänomene verstanden hat und beachtet, daß die Folge der benutzten statistischen Methoden zu Eigenschaften auf der Ebene der Makrophysik führen, die in der Mikrophysik völlig unbekannt sind (Irreversibilität). In diesem Übergang, in diesem Zusammenhang zweier materieller Strukturniveaus kommt ein wesentliches Moment des dialektischen Naturverständnisses zum Tragen, demzufolge „die Gegensätze und Unterschiede in der Natur zwar vorkommen, aber nur mit relativer Gültigkeit, daß dagegen jene ihre vorgestellte Starrheit und absolute Gültigkeit erst durch unsere Reflexion in die Natur hineingetragen ist".[30])

MACH dagegen vermochte mit seinem Prinzip der Kontinuität bei der Ausfüllung von Erfahrungslücken den Unterschied des makro- und des mikrophysikalischen Strukturniveaus nicht auszumachen. Getreu seiner empiristischen Orientierung verlangte er, daß die makrophysikalisch möglichen Beobachtungen sowohl bei Verkleinerung als auch bei Vergrößerung des Maßstabs kontinuierlich fortzudenken sind. Damit führte sein subjektiv-idealistischer Ausgangspunkt in der physikalischen Forschung zu einer, wie sich bald zeigen sollte, die Forschung desorientierenden Festlegung.

MACHS idealistische Philosophie ist also tatsächlich die tiefere Ursache für seine hartnäckige Gegnerschaft zum Atomismus. Die definitiven Beweise für die Existenz von Atomen sind damit zugleich entscheidende Einwände gegen sein philosophisches System. Viele der Anhänger seiner philosophischen Auffassungen mußten die entsprechenden physikalischen Resultate anerkennen und sahen sich nicht zuletzt deshalb gezwungen, einige extreme Positionen zu modifizieren. MACH selbst blieb bis zu seinem Lebensende ein Gegner des Atomismus.

Die idealistisch begründete Ablehnung der Atomhypothese stand in einem engen Zusammenhang mit seinen metaphysischen Auffassungen der Beziehungen von Empirie und Theorie, mit einer metaphysischen Trennung von Beobachtung und Theorie. Für MACH war die Beobachtung eine „Anpassung der *Gedanken* an die *Tatsachen*“ während die Theorie eine „Anpassung der *Gedanken aneinander*“ darstellte.[31]) Das Fundament des Erkenntnisfortschrittes erblickte er in der Beobachtung; die Theorie war das von der Beobachtung abgeleitete. Ihrer Entfaltung kam nur ein ganz geringer Freiraum zu: „Die Erfahrung wächst durch fortschreitende Anpassung der Gedanken an die Tatsachen. Durch Anpassung der Gedanken aneinander entsteht das übersichtlich geordnete, vereinfachte, widerspruchslose Gedankensystem, welches uns als *Ideal der Wissenschaft* vorschwebt“.[32]) Sowohl die „Anpassung der Gedanken an die Tatsachen“ als auch die „Anpassung der Gedanken aneinander“ waren für MACH dem Prinzip der Denkökonomie untergeordnet.[33]) Wissenschaft hatte lediglich die Aufgabe, Erfahrungen zu ersetzen oder zu ersparen.

Im Anschluß an die metaphysische Trenunng von Beobachtung und Theorie bzw. Empirie und Theorie verwies MACH darauf, daß diese Trennung nicht scharf zu vollziehen sei, denn „fast jede Beobachtung ist schon durch die Theorie beeinflußt und äußert bei genügender Wichtigkeit andererseits ihre Rückwirkung auf die Theorie".[34]) Damit aber verband MACH weder eine relative Eigenständigkeit der Theorie noch nutzte er diesen Ansatzpunkt, in die Dialektik der Beziehungen von Beobachtung und Theorie einzudringen. Es blieb faktisch bei der einmal vollzogenen metaphysischen Trennung. Wenn nämlich die Theorie tatsächlich die Beobachtung zu beeinflussen vermag, dürfte erstens unklar sein, was eigentlich die „Tatsachen" des Empiristen MACH sind und zweitens wäre das MACHsche Prinzip der Kontinuität bei der Ausfüllung von Erfahrungslücken damit mehr als fragwürdig. Man müßte vor allem klären, ob es nicht auch an den jeweiligen theoretischen Vorstellungen liegt, daß man bestimmte Beobachtungen macht. Diese durch die Theorie mitdeterminierten Beobachtungen sogar noch in Bereiche fortzuschreiben, in denen bisher nicht beobachtet wurde, wäre damit mehr als problematisch, wenn man nicht gleichzeitig die relative Eigenständigkeit der Theorie hervorzuheben bereit ist. Dazu war aber MACH eben nicht bereit.

BOLTZMANN verband seine materialistische Orientierung mit der Betonung der relativen Eigenständigkeit der Theorie. Für ihn stand zwar ebenfalls außer Frage, daß die Physik eine Wissenschaft sei, die einer empirischen Basis bedürfe, die vor allem in den auf experimenteller Grundlage gewonnenen Beobachtungen zu sehen war. Aber „ohne ein, wenn auch geringes Hinausgehen über das direkt wahrgenommene gibt es keine Theorie".[35]) Dies galt nach BOLTZMANN sowohl für die alten Theorien als auch für die zu seiner Zeit modernsten, „welche sich einer großen Illusion hingeben, wenn sie sich hypothesenfrei dünken".[36])

BOLTZMANN sah die Aufgabe der Theorie „in der Konstruktion eines rein in uns existierenden Abbildes der Außenwelt ..., das uns in allen unseren Gedanken und Experimenten als Leitstern zu dienen hat".[37]) Dabei müsse das Abbild der Außenwelt immer mehr angepaßt werden, es müsse immer mehr vervollkommnet werden. BOLTZMANN hob hervor, daß HERTZ, an erkenntnistheoretischen Überlegungen KIRCHHOFFS, HELMHOLTZ und MAXWELLS anknüpfend, den Physikern am klarsten zum Bewußtsein gebracht habe, „was wohl die Philosophen schon längst ausgesprochen hatten, daß keine Theorie etwas Objektives, mit der Natur wirklich sich Deckendes sein kann, daß vielmehr jede nur ein geistiges Bild der Erscheinungen ist, das sich zu diesem verhält, wie das Zeichen zum Bezeichneten.“[38])

BOLTZMANN ging in diesem Zusammenhang nicht darauf ein, daß dieser Gedanke sowohl materialistisch als auch idealistisch formuliert worden war. Für ihn bestand kein Grund, die materialistische Abbildtheorie in Zweifel zu ziehen. Entgegen weitverbreiteten Vorstellungen, daß die Physiker des 19. Jahrhunderts sich ausschließlich oder vorrangig der metaphysischen Denkweise bedienten, empfand es BOLTZMANN ebenso dringlich wie MARX, ENGELS und später LENIN, die Abbildtheorie aus ihrer mechanistisch-metaphysischen Enge zu lösen. Deshalb betonte er mit KIRCHHOFF, MAXWELL, HERTZ und auch mit MACH, daß die Abbilder nicht mit dem Abgebildeten identisch seien, ohne daraus konventionalistische Schlußfolgerungen abzuleiten oder wie MACH die Abbildtheorie faktisch durch eine subjektiv-idealistische Konstruktion zu ersetzen. Ähnlich wie HELMHOLTZ näherte er sich einem dialektisch-materialistischen Verständnis des Erkenntnisprozesses. Auf jeden Fall aber entfernte er sich weit vom metaphysischen Materialismus, dessen Hauptübel nach LENIN darin besteht, daß er unfähig ist, die „Dialektik auf die Bildertheorie, auf den Prozeß und die Entwicklung der Erkenntnis anzuwenden.“[39])

BOLTZMANN stellte ohne jegliche agnostische Sentenz fest, „daß es nicht unsere Aufgabe sein kann, eine absolut richtige Theorie, sondern vielmehr ein möglichst einfaches, die Erscheinung möglichst gut darstellendes Abbild zu finden“.[40]) BOLTZMANN hielt es für denkbar, daß es für einen Objektbereich zwei ganz verschiedene

Theorien gibt, „die beide gleich einfach sind und mit den Erscheinungen gleich gut stimmen, die also, obwohl total verschieden, beide gleich richtig sind.“[41])

Diesen Gedanken kann man nicht als bloße Verbeugung vor dem damals aufkommenden Konventionalismus abtun. BOLTZMANN hat indirekt darauf verwiesen, daß der Vorstellung, es gebe nur eine einzige richtige Theorie, die Auffassung von der mathematischen Struktur aller Zusammenhänge in der objektiven Realität zugrunde liegt. Diese Auffassung wurde im physikalischen Forschungsprogramm des mechanischen Materialismus als Selbstverständlichkeit angesehen und durch die materialistisch interpretierte Konzeption gestützt, wie sie KIRCHHOFF, MAXWELL, HERTZ u. a. in der 2. Hälfte des 19. Jahrhunderts begründeten. Ihnen schien es am zweckmäßigsten, nachdem man die Grundgleichungen einer physikalischen Theorie einmal gewonnen hatte, „sie ohne jede Ableitung hinzuschreiben, dann mit den Erscheinungen zu vergleichen und in ihrer steten Übereinstimmung mit denselben den besten Beweis ihrer Richtigkeit zu erblicken“[42]).

Diese von BOLTZMANN als „mathematische Phänomenologie“ bezeichnete Richtung sollte durchaus ihre relative Berechtigung behalten. Er hielt es aber für eine Illusion der mathematischen Phänomenologie, die Natur darstellen zu können, ohne über die jeweiligen Erfahrungen hinauszugehen: „Keine Gleichung stellt irgendwelche Vorgänge absolut genau dar, jede idealisiert sie, hebt Gemeinsames heraus und sieht von Verschiedenem ab, geht also über die Erfahrung hinaus.“ Dies folge aus der Natur des Denkprozesses selbst, die BOLTZMANN darin sah, „daß wir zur Erfahrung etwas hinzufügen und ein geistiges Bild schaffen, welches nicht die Erfahrung ist und darum viel Erfahrungen darstellen kann.“[43])

Wenn BOLTZMANN Erfahrung verschiedentlich noch in empiristischer Reinheit voraussetzte und davon ausging, Abgebildetes und Entworfenes in der Theorie metaphysisch trennen zu können, so liegt darin ein Moment, das ihn von einem bewußt dialektisch-materialistischen Verständnis des Erkenntnisprozesses trennte. So wie er aber die Phänomenologie kritisierte und dabei forderte „stets alle Abbildungsmittel je nach Bedürfnis“ zu verwenden (auch Modelle und Hypothesen) und nicht zu versäumen, „die Bilder auf jedem Schritte an neuen Erfahrungen zu prüfen“[44]) erhob er sich weit über die metaphysische Erkenntnistheorie bzw. deren idealistische Negation, wie sie für zahlreiche erkenntnistheoretisch-methodologisch reflektierende Physiker seiner Zeit charakteristisch war.

In der Phantasie des Theoretikers sah BOLTZMANN die Wiege der Theorie, im beobachtenden Verstand ihren Erzieher. Er kritisierte zwar die kühnen Spekulationen über das Universum „von PYTHAGORAS und PLATO bis auf HEGEL und SCHELLING“ wegen der überproduktiven Phantasie und der fehlenden Selbstprüfung durch das Experiment, zollte ihnen aber zugleich allergrößten Respekt, weil „sie bereits die Keime aller späteren großen Theorien“ enthielten.[45]) Damit gewann BOLTZMANN eine ganz andere Beziehung zur philosophischen Tradition als MACH. Während es für MACH vor allem darum ging, in positivistischer Tradition die philosophisch-weltanschaulichen Überlegungen aus der Physik auszumerzen, wies BOLTZMANN darauf hin, daß gerade die naturwissenschaftliche Forschung wesentliche Beiträge zur Klärung weltanschaulicher Fragen erbracht hatte und vermutlich noch weiter erbringen werde. Damit nahm BOLTZMANN eine engagierte antipositivistische Position ein.

Die Kritik an den metaphysischen Vereinfachungen einer auf der Grundlage des mechanischen Materialismus entwickelten Erkenntnistheorie sind keineswegs an ein positivistisches Programm gebunden, wie das in der neopositivistisch orientierten Wissenschaftsphilosophie oft behauptet wurde.[46]) BOLTZMANN war ein konsequenter und zugleich genügend vorsichtiger Kritiker metaphysischer erkenntnistheoretischer Vereinfachungen, der den um die Jahrhundertwende erstarkenden positivistischen Einflüssen nicht unterlag. Die heuristische Fruchtbarkeit seiner Methoden und Hypothesen spricht gegen den Anspruch des Positivismus, der einzige erfolgreiche philosophische Ansatz für ein adäquates Verständnis wissenschaftlicher Theorienentwicklung zu sein.

Obwohl BOLTZMANN zweifelsohne mechanistischen Auffassungen wesentlich stärker verhaftet war als MACH, gelang es ihm in der Auseinandersetzung um die Atomhypothese Positionen zu beziehen, die nicht durch den Zusammenbruch des physikalischen Forschungsprogramms des mechanischen Materialismus hinfällig wurden. Er ging davon aus, daß die Atome, die die makrophysikalischen Objekte bilden, in ständiger Bewegung sind.[47]) Die Auffassung, derzufolge Atome materielle Punkte seien, bezeichnete er 1897 als Provisorium.[48]) In diesem Zusammenhang behandelte er auch die Frage der Unveränderlichkeit von Atomen.

Die Kritiker des Atomismus sahen in der vorausgesetzten Unveränderlichkeit der Atome eine völlig unberechtigte Verallgemeinerung der beobachteten Unveränderlichkeit von Körpern über eine mehr oder minder große Zeitdauer. BOLTZMANN antwortete getreu seinem konsequent materialistischen Herangehen, daß er auch die Veränderlichkeit von Atomen zulassen werde, wenn diese Vorstellung die tatsächlich beobachteten Erscheinungen besser darstellen könnten.[49]) Selbst die Gültigkeit der Gesetze der *klassischen* Mechanik wurde in der Arbeit „Über die Unentbehrlichkeit der Atomistik in der Naturwissenschaft" nicht mehr mit Notwendigkeit vorausgesetzt. Gefordert wurden lediglich „einfache Gesetze für die zeitliche Veränderung zahlreicher, in einer Mannigfaltigkeit von wohl drei Dimensionen verteilter Einzeldinge", um im übertragenen Sinne von einer mechanischen Theorie zu sprechen.[50])

Auf die möglichen Komplikationen beim Ausbau der Atomistik hat BOLTZMANN mit einer Vorsicht verwiesen, die deutlich macht, daß er keineswegs leichtfertig Scheinerklärungen hinzunehmen bereit war.[51]) 1904 konnte er darauf verweisen, daß verschiedene Methoden zur Berechnung der Atom- und Molekülgröße zu gleichem Resultat führten.[52]) Er stellte damals auch fest: „Unteilbarkeit schreibt heute kein Physiker den Atomen zu“.[53]) Damit wurde bereits deutlich, daß zwar der Name der untersuchten Objekte der antiken Naturphilosophie entlehnt war, aber die atomistischen Vorstellungen nunmehr in naturwissenschaftlicher Tradition am Experiment und an der Beobachtung überprüft wurden. Zu welchen weittragenden Veränderungen das innerhalb der Physik führen sollte, konnte zu Beginn des 20. Jahrhunderts noch niemand ahnen.

Hier kam es darauf an deutlich zu machen, daß die philosophischen Positionen Machs und Boltzmanns in unterschiedlicher Weise den Erkenntnisfortschritt im Bereich der Atomphysik gefördert haben. Zwar ist auch in diesem Fall die weitere Entwicklung nicht eine einfache Folge bestimmter philosophischer Ideen gewesen. Die an den beiden philosophierenden Physikern exemplarisch behandelten Auseinandersetzungen zwischen Materialismus und Idealismus, zwischen Antipositivismus und Positivismus sowie das Bemühen Boltzmanns um eine dialektische Aufhebung des erkenntnistheoretischen Gegensatzes von Empirismus und Rationalismus blieben aber in der Physikentwicklung nicht folgenlos. Viele der im Anschluß an die Entstehung der Quantenmechanik ausgetragenen philosophischen Diskussionen erscheinen uns heute sogar in gewisser Weise als Fortsetzung der von Boltzmann und Mach um die Jahrhundertwende geführten Auseinandersetzungen.

1.3. *Philosophisch-weltanschaulicher Hintergrund der Planckschen Entdeckung*

Obwohl MACH Recht hatte, daß die Natur nicht durchgängig klassisch-mechanisch beschreibbar ist, bedurfte es für die Entwicklung der Atomtheorie nicht notwendigerweise seiner methodenkritischen Erörterungen. Sie haben zwar mitgeholfen, die Physiker für das grundsätzlich Neue der Gesetze der Mikrophysik gegenüber denen der Makrophysik empfänglich zu machen. Die Voraussetzungen zur Entwicklung einer Atomtheorie wurden aber mit hinreichender Genauigkeit durch die Atomistik BOLTZMANNS geliefert. Daran konnte angeknüpft werden, ohne philosophische Anleihen bei MACH aufnehmen zu müssen.

PLANCKS Entwicklung bis zum Jahre 1900 und seine darüber später angestellten Reflexionen zeigen, daß sich der durchschlagende physikalische Erfolg eingestellt hat, als er MACHS erkenntnistheoretische Positionen verlassen hatte und zum Mitstreiter BOLTZMANNS bei der Verteidigung des Materialismus geworden war.

Mit den theoretischen Neigungen PLANCKS aufs engste verbunden, war seine philosophische Tiefe.[54]) Anfangs stand er unter starkem Einfluß der Arbeiten MACHS.[55]) Ein erster Schritt auf seinem Wege hin zu BOLTZMANNschen philosophischen Überlegungen und den methodisch daran geknüpften Atomismus war seine Auseinandersetzung mit der Energetik. Diese von OSTWALD und HELM zunächst für Physik und Chemie propagierte Auffassung, die später auf alle Erscheinungen in Natur, Gesellschaft und im Denken erweitert wurde, ging davon aus, daß die mechanische Naturerklärung gescheitert sei. Da der Energieerhaltungssatz das tiefste universelle Naturgesetz sei, müßten alle Erklärungen von Naturphänomen allein auf energetische Beziehungen zurückgeführt werden.

Der von den Physikern häufig mit Substanzvorstellungen verknüpfte Materiebegriff sollte zugunsten des Energiebegriffes entwertet werden. Dabei wurde lediglich ein Begriff durch einen anderen ersetzt, ohne daß man die aus der mechanisch-materialistischen Tradition stammende Auffassung antastete, wonach die Physik unmittelbar mit philosophischen Kategorien operiert.

Die idealistische Stoßrichtung der Energetik kam im wesentlichen erst nach 1895 zum Tragen. Bis dahin hatte OSTWALD vor allem das Ziel verfolgt, das physikalische Forschungsprogramm des mechanischen Materialismus und die „mechanische Weltansicht" zu ersetzen. Das war auch noch das wesentliche Anliegen seines heiß umstrittenen Lübecker Vortrages von 1895, den er ganz im Sinne der empiristischen Orientierungen MACHS angelegt hatte.[56]) OSTWALD versuchte die Physiker vergebens für die Energetik zu begeistern, die er als den Weg pries, KIRCHHOFFS Forderung nachzukommen, anstelle bisheriger „Naturerklärungen" nun „Beschreibungen der Erscheinungen" zu setzen.

Während BOLTZMANN ein scharfer Kritiker des philosophisch-weltanschaulichen Programms und zugleich ein physikalisch überlegener Kontrahent der Energetik war, brachten PLANCK in erster Linie methodische Einwände in Opposition zu diesem philosophischen Programm.

Damit wurde er zwar faktisch zum Bündnispartner BOLZTMANNS. PLANCK hat später darüber berichtet, wie verwundert er allerdings zur Kenntnis nehmen mußte, daß dieser über den neuen Verbündeten gar nicht so erfreut schien, wie man das hätte erwarten sollen.[57])

PLANCK selbst verwies aber in diesem Zusammenhang darauf, daß er damals der BOLTZMANNschen Atomhypothese noch außerordentlich reserviert gegenüberstand und eigentlich den philosophischen Positionen MACHS mehr zuneigte als denen BOLTZMANNS.[58] Damit stand er für BOLTZMANN, trotz Übereinstimmung in den gegen die Energetik vorzubringenden methodischen Details, eigentlich auf der anderen Seite der philosophisch-weltanschaulichen Auseinandersetzung.[59])

PLANCK hatte sich mit der phänomenologischen Thermodynamik beschäftigt. Dadurch war ihm der grundsätzliche Unterschied zwischen der Reversibilität aller Bewegungsgesetze der klassischen Physik und der Irreversibilität aller realen physikalischen Prozesse sehr deutlich geworden. Trotz seines tiefen Verständnisses für den 2. Hauptsatz der Wärmelehre vermochte er 1895 aber noch nicht der BOLTZMANNschen statistischen Begründung dieses Satzes zu folgen.

Das hatte zwei Gründe. Erstens lehnte PLANCK damals unter dem Einfluß MACHS noch die Atomhypothese ab. Zweitens konnte er die erforderlichen Wahrscheinlichkeitsbetrachtungen deshalb nicht akzeptieren, weil nach seiner Meinung dann das entsprechende Naturgesetz auch Ausnahmen zulassen müsse. Und dieser Gedanke war für ihn unerträglich.

Es gehörte zu PLANCKS Grundüberzeugungen, daß sich in der Natur immer nur das absolut Notwendige durchsetzt. Durch die Gesamtheit aller Bedingungen sollte jedes Einzelereignis durch Naturgesetze *eindeutig* vorausbestimmt sein. Abweichungen von dieser objektiven Vorausbestimmtheit schloß er auf Grund der durchgängigen Naturgesetzlichkeit aus. In den phänomenologischen Formulierungen der beiden Hauptsätze der Thermodynamik sah PLANCK solche, bereits erkannten absoluten Notwendigkeiten, die unter keinen Umständen relativiert werden durften.

Seine Auffassung zum 2. Hauptsatz der Wärmelehre hat sich unter dem direkten Einfluß BOLTZMANNS geändert. Die Überzeugung aber, daß *allen* Naturgesetzen letztlich Gesetze vom Determinationstyp der klassischen Mechanik in der NEWTONschen Formulierung zugrunde liegen, gehört zu den Invarianten in den physikalischen Weltbildvorstellungen PLANCKS.

Als er sich gegen 1895 der Hohlraumstrahlung zuwandte,

ging er von der Vorstellung aus, dabei die phänomenologische Thermodynamik und die MAXWELLsche Elektrodynamik miteinander zu verbinden. An dieser Stelle des Theoriengebäudes der klassischen Physik klaffte eine Lücke, die ihm schließbar schien. Den Theoretiker PLANCK faszinierte die im KIRCHHOFFschen Satz ausgesprochene Feststellung, „daß in einem evakuierten, von total reflektierenden Wänden begrenzten Hohlraum, der ganz beliebig emittierende und absorbierende Körper enthält, sich im Laufe der Zeit ein Zustand herstellt, in welchem alle Körper die nämliche Temperatur haben und die Strahlung in allen ihren Eigenschaften, auch in ihrer spektralen Energieverteilung, nicht von der Beschaffenheit der Körper, sondern einzig und allein von der Temperatur abhängt."[60]) Darin sah er wieder das Absolute, daß ihm als Ziel physikalischer Forschungen vorschwebte.

Eine solche Suche nach dem Absoluten stand im Gegensatz zu MACHS prinzipiellen erkenntnistheoretischen Relativismus, traf sich aber teilweise mit BOLTZMANNS Auffassung, nach der Gesetzeserkenntnis Ziel wissenschaftlicher Forschung ist.

PLANCK wurde allmählich klar, „daß die MACHsche Naturphilosophie ihr glänzendes Versprechen, das ihr wohl die meisten Anhänger zugeführt hat: die Entfernung aller metaphysischen Elemente aus der physikalischen Erkenntnislehre, keineswegs einzulösen vermag".[61]) Er stellte 1910, seine Meinungsverschiedenheiten mit MACH zusammenfassend, fest, daß dieser oft dann in die Irre gegangen war, wenn er entsprechend seiner Erkenntnistheorie selbständig vorzugehen versucht hatte.[62]) Wie kam PLANCK zu einer solchen Einschätzung? Entstand sie tatsächlich erst *nach* seinen erfolgreichen Arbeiten über die Hohlraumstrahlung oder gibt es Grund zu der Annahme, daß er in diesen Forschungsarbeiten selbst zu derartigen Feststellungen gelangte?

Solange er lediglich versuchte, die phänomenologische Thermodynamik und die Elektrodynamik miteinander zu verbinden, blieb es relativ belanglos, ob er mit MACH davon überzeugt war, daß die Atomhypothese im Prinzip überflüssiges Beiwerk in einigen Berechnungen makrophysikalischer Eigenschaften sei oder mit BOLTZMANN die Atomhypothese für einen unverzichtbaren Bestandteil physikalischer Naturerklärung hielt. Damit schienen auch die brisanten philosophisch-weltanschaulichen Auseinandersetzungen um die Beibehaltung oder Aufgabe des Materialismus seine unmittelbaren physikalischen Forschungsarbeiten nicht zu tangieren. Die Möglichkeiten spontan-materialistischen Vorgehens, die MACHS Philosophie den Physikern in bestimmten Grenzen noch offenließ, konnten PLANCK bis zu jenem Zeitpunkt genügen, als es ihm gelang, auf der Grundlage der beobachteten Abweichungen vom WIENschen Strahlungsgesetz ein neues Strahlungsgesetz zu formulieren (Oktober 1900). Dieser Prozeß, an dessen Abschluß eine phänomenologisch gefundene Formel stand, die heute als „PLANCKsches Strahlungsgesetz" bezeichnet wird, wäre in erster Näherung durchaus mit MACH auf den Satz „Anpassung der Gedanken an die Tatsachen" zu bringen.

Jede tiefergehende erkenntnistheoretische Analyse muß aber nun den Zusammenhang der gemessenen Größen des Strahlungsspektrums mit den entsprechenden theoretischen Vorstellungen näher untersuchen und bereits an dieser Stelle auf die Problematik der „Tatsachen" im MACHschen Sinne stoßen. Daraus allerdings erwachsen noch keine physikalisch schwerwiegenden Konsequenzen. In diesem Stadium der physikalischen Forschung und der entsprechenden erkenntnistheoretisch-methodologischen Erörterungen wäre MACHS Position eine Näherung gewesen, die allein den Nachteil hatte, eine widerspruchsfreie Weltanschauung zu verbieten. Das spontan materialistische Vorgehen des Naturwissenschaftlers läßt sich eben nicht widerspruchsfrei mit idealistischen Feststellungen über die Erfahrungsgrundlage vereinbaren. Ob PLANCK an diesem Widerspruch früher oder später Anstoß genommen hätte und ob er im Oktober 1900 wirklich MACH noch derart verpflichtet war, mag hier zunächst dahingestellt bleiben.

Der nun folgende Schritt, die theoretische Begründung der PLANCKschen Strahlungsformel, ließ sich mit MACHs erkenntnistheoretisch-methodologischen Grundforderungen aber auf keinen Fall mehr vereinbaren. In Übereinstimmung mit MACHs empiristischen Theorieverständnis wäre nämlich zu fragen gewesen, warum überhaupt die neue Strahlungsformel zum Gegenstand weiterer theoretischer Erörterungen werden sollte. Wichtig war doch nach MACH lediglich, deren Übereinstimmung mit den Meßwerten zu überprüfen. Diese Überprüfung fiel positiv aus, was natürlich auch für PLANCK von großer Bedeutung war. Als theoretischer Physiker aber suchte er nun nach einer Erklärung der neuen Formel im Rahmen der bekannten Theorien. Wenn man dies vielleicht auch noch mit MACHs „Anpassung der Gedanken aneinander" akzeptieren könnte, so wäre aber von diesem Standpunkt ganz gewiß PLANCKs Überzeugung, daß diese Erklärung *um jeden Preis* gefunden werden mußte, nicht mehr zu billigen.

PLANCK schilderte seine Entdeckung 1931 im Brief an WOODS so:

„Kurz zusammengefaßt kann ich die ganze Tat als einen Akt der Verzweiflung bezeichnen. Denn von Natur bin ich friedlich und bedenklichen Abenteuern abgeneigt. Aber ich hatte mich nun schon seit 6 Jahren (von 1894) mit dem Problem des Gleichgewichts zwischen Strahlung und Materie herumgeschlagen, ohne einen Erfolg zu erzielen, ich wußte, daß dies Problem von fundamentaler Bedeutung für die Physik ist, ich kannte die Formel, welche die Energieverteilung im normalen Spektrum wiedergibt; eine theoretische Deutung *mußte* daher um jeden Preis gefunden werden, und wäre er noch so hoch. Die klassische Physik reichte nicht aus, das war mir klar. Denn nach ihr muß die Energie im Lauf der Zeit vollständig in die Strahlung übergehen. Damit sie das nicht tut, braucht man eine neue Constante, welche dafür sorgt, daß die Energie nicht auseinanderfällt. Aber wie das zu machen ist, kann man nur erkennen, wenn man von einer bestimmten Anschauung ausgeht.

Diese Anschauung wurde mir geliefert durch das Festhalten an den beiden Hauptsätzen der Wärmetheorie. Diese beiden Sätze erschienen mir als das einzige, was unter allen Umständen festgehalten werden muß. Im übrigen war ich zu jedem Opfer an meinen bisherigen physikalischen Überzeugungen bereit. Nun hatte BOLTZMANN das Zustandekommen des thermodynamischen Gleichgewichts erklärt durch das statistische Gleichgewicht, und wenn man diese Betrachtung anwendet auf das Gleichgewicht zwischen Materie und Strahlung, so findet man, daß das Abwandern der Energie in die Strahl(ung) durch die Annahme verhindert werden kann, daß die Energie von vornherein gezwungen ist, in gewissen Quanten beieinander zu bleiben. Das war eine rein formale Annahme, und ich dachte mir eigentlich nicht viel dabei, sondern eben nur das, daß ich unter allen Umständen, koste es, was es wolle, ein positives Resultat herbeiführen müßte."[63])

Auf welchem Wege PLANCK tatsächlich zur Ableitung seiner Strahlungsformel kam[64]), ist nicht bis ins letzte geklärt. Seine Feststellung, daß er die Energiequantelung als „rein formale Annahme" einführte, erhellt die Situation zu diesem Zeitpunkt des Forschungsprozesses möglicherweise treffend.

Nach MACHS methodologischen Anweisungen wäre aber genau dieser Schritt höchst fragwürdig gewesen. Die Energiequantelung schloß sich ebenso wenig kontinuierlich an bisherige physikalische Vorstellungen an wie die Atomhypothese. PLANCK konnte die Methode BOLTZMANNS nur dann anwenden, wenn er von konsequent atomistischen Voraussetzungen ausging. Er geriet also sowohl zu einer wichtigen methodologischen Forderung MACHS in Konflikt als auch zu einer engstens mit dessen philosophisch-weltanschaulichen Grundposition verquickten naturwissenschaftlichen Überzeugung. Daß dieser Konflikt erst später öffentlich ausgetragen wurde, ändert nichts an der Feststellung, daß er faktisch spätestens mit der die gesamte Physik revolutionierenden Hypothese von den Wirkungsquanten latent war.

PLANCK hatte seine wissenschaftlichen Untersuchungen im Bewußtsein relativer Eigenständigkeit theoretischer

Forschung begonnen. Er anerkannte vorbehaltlos die Tätigkeit des Experimentators, der erst das Material erarbeitet, mit dem der Theoretiker hantieren kann. „Und doch ist seine (des Theoretikers — U. R.) zusammenfassende Tätigkeit ebenfalls notwendig, gegenwärtig wohl notwendiger als jemals, weil sie eine Ergänzung darstellt zu der in immer unabsehbarere Weiten sich ausbreitenden Einzelforschung"[65]) stellte er 1894 fest. Damit markierte er zugleich seine Distanz zur empiristischen Orientierung MACHS und konnte sich wohl schon nicht mehr „zu den entschiedensten Anhängern der MACHschen Philosophie" rechnen.[66]) Bereits sechs Jahre vor seiner wegweisenden Arbeit, um deren philosophisch-weltanschaulichen Hintergrund es hier geht, führte er aus: „Fast könnte es . . . den Anschein erwecken, als ob sich die gegenwärtige Richtung in der Physik von der mechanischen Naturauffassung entferne oder wenigstens ihrer entbehren könne; indes wäre eine solche Anschauung doch nur in beschränktem Sinne richtig. Denn wie auch die Forschung ihre Methoden wechseln mag, immer stellt sie nur eine Vorarbeit dar zur Erreichung des für alle Zeiten unverrückbar feststehenden Zieles, welches in der Herstellung des einen großen Zusammenhangs aller Naturkräfte beruht. Die innigste Form des Zusammenhangs aber — diejenige, ohne welche sich unser Erkenntnistrieb niemals ganz zufrieden geben wird — liegt eben nur in der Identität, und diese wird sich auf keinem physikalischen Gebiet besser durchführen lassen als in der Mechanik."[67])

In einer derartigen Auffassung lag bereits die Möglichkeit, sich weiter von MACHS Philosophie abzuwenden und sich der Position BOLTZMANNS noch stärker zu nähern. Vergleicht man allerdings PLANCKS Ausführungen mit denen BOLTZMANNS zu diesem Gegenstand, so stellt man unschwer fest, daß BOLTZMANN die Möglichkeiten einer mechanischen Naturauffassung weitaus vorsichtiger beurteilt hatte und dabei die Dialektik des Erkenntnisprozesses bereits wesentlich tiefer erfassen konnte.

Planck arbeitete aber ebenso konsequent an dem angestrebten zukünftigen einheitlichen physikalischen Weltbild wie Boltzmann. Dabei wurde er zum Revolutionär, ohne jemals eine revolutionäre Veränderung im Theoriengebäude der Physik bewußt zu vollziehen. Sein materialistisches Theorieverständnis verbot ihm, Machs Prinzip der Kontinuität bei der Ausfüllung von Erfahrungslücken zum Leitmotiv seiner Forschung zu machen. Als die physikalischen Erscheinungen ihn zwangen, ein Postulat in die Theorie einzuführen, das in der klassischen Physik völlig unbekannt war und allen bisherigen Vorstellungen von physikalischen Größen (ausgenommen den Atomismus) widersprach, zögerte er nicht.

Die Herausbildung des ersten Ansatzes zur Quantentheorie zusammenfassend, läßt sich feststellen: Zu den philosophischen Voraussetzungen der Entdeckung des Planckschen Wirkungsquantums gehört das an Boltzmann orientierte materialistische Vorgehen, die Nutzung wahrscheinlichkeitstheoretisch begründbarer statistischer Verfahren und die Einsicht in dialektische Vermittlungen zwischen der experimentellen und der theoretischen Forschung auf materialistischer Grundlage. Diese philosophischen Voraussetzungen waren zwar notwendige aber keinesfalls hinreichende Bedingungen der entsprechenden physikalischen Entdeckung. Die physikalische Entdeckung erforderte vor allem Plancks Erfahrungen in der phänomenologischen Thermodynamik sowie seine Beharrlichkeit und Kreativität bei der Lösung komplizierter theoretischer Probleme. Sie wäre aber ohne die im Experiment ermittelten neuen Meßdaten kaum erfolgt. Plancks wegweisende Hypothese ist das Resultat einer theoretischen Erklärung für eine Formel, die phänomenologisch gefunden wurde, als eine bewährte Beziehung auf ihre Grenzen stieß.

Sicher ist es historisch zufällig, daß gerade an dieser Stelle der Zugang zur Quantentheorie gefunden wurde. Da aber zur gleichen Zeit an mehreren Stellen der Physik

Probleme anstanden, die auf Quantenvorstellungen führen mußten (Lichtquant, Tieftemperaturphysik, Atomspektren u. a.) kann man in der Herausbildung erster quantentheoretischer Vorstellungen an der Wende vom 19. zum 20. Jahrhundert das Resultat einer gesetzmäßigen Entwicklung der Physik sehen. Eine Reihe experimenteller und theoretischer Vorleistungen (eingeschlossen der philosophisch-weltanschaulichen Vorbereitungen) bildeten in ihrer Gesamtheit die notwendigen und hinreichenden Bedingungen für den betrachteten qualitativen Wendepunkt in der Geschichte der Physik.

Mit der Formulierung der Quantenhypothese war faktisch die Aufgabe gestellt, eine in sich konsistente Quantentheorie zu entwickeln. Das Wirkungsquantum mußte organisch in das bisherige Theoriengebäude der Physik eingefügt werden. Um diesem Ziel näher zu kommen, bedurfte es zahlreicher Einzelschritte. Im weiteren sollen einige der für die nachfolgenden philosophisch-weltanschaulichen Diskussionen besonders bedeutsamen Schritte auf diesem Wege untersucht werden.

2. Quantentheoretische Ansätze bis 1925

2.1. Die Aufnahme der Planckschen Strahlungstheorie

Die Plancksche Quantenhypothese mußte zunächst als ad-hoc Annahme zur Begründung einer im Rahmen bisheriger theoretischer Vorstellungen nicht abzuleitenden, aber empirisch belegten Formel gelten. Daß diese Annahme auch für andere Bereiche der Physik von Belang sein konnte, war kaum anzunehmen, wenn man sich ihre Einführung in die Theorie der Hohlraumstrahlung vergegenwärtigte. Bis 1905 blieb sie daher im wesentlichen eine nicht weiter diskutierte Voraussetzung im Rahmen einer speziellen Arbeit von Planck.

Die neue Strahlungsformel hatte wegen der hinreichenden experimentellen Belege sehr schnell Eingang in die physikalische Literatur gefunden. Dabei wurde aber kaum auf die Einführung der beiden Naturkonstanten k und h aufmerksam gemacht. Die PLANCKsche Hypothese über die Quantelung der Energie des Oszillators wurde damals sogar von RAYLEIGH, JEANS, LORENTZ u. a. den Denktraditionen der klassischen Physik verhafteten Physikern rundweg abgelehnt.

LORENTZ Überzeugung von der Unumstößlichkeit der klassischen Physik war symptomatisch für das Klima, in dem der neue Gedanke PLANCKS aufgenommen werden mußte. Der anerkannte holländische Theoretiker hatte zunächst die inkonsistente RAYLEIGH-JEANSsche Strahlungsformel gegenüber der PLANCKschen mit der Begründung favorisiert, sie stimme mit der bisherigen Elektronentheorie überein, während man die PLANCKsche Formel nur unter der Voraussetzung annehmen könne, „daß wir unsere Grundvorstellung über die elektromagnetischen Phänomene vollständig umarbeiten."[1])

Zwar stieß diese, die relative Eigenständigkeit der physikalischen Theorie extrem überziehende Position auf den Widerstand anderer Physiker und wurde schließlich nach eingehenden Debatten mit PLANCK auch wieder revidiert. Es blieben aber die besonders immer wieder von PLANCK unternommenen Versuche, die Quantenhypothese in das Gebäude der klassischen Physik einzufügen. Den Intentionen von LORENTZ entsprechend waren dabei „an der bisherigen Theorie nur solche Änderungen zu treffen, die sich als absolut notwendig herausgestellt haben."[2]) Eine solche Forderung im Dezember 1900 bereits zu akzeptieren, hätte die Einführung des Wirkungsquantums verboten. Seine „absolute Notwendigkeit" konnte weder damals noch in den darauffolgenden Jahren gezeigt werden.

Bei PLANCKS nachträglichen Rechtfertigungsversuchen sind Arbeiten entstanden, die in der heutigen Physikgeschichtsschreibung oft nur als bedauerliche Irrtümer bewertet werden. Trotz der darin enthaltenen Unzulänglichkeiten und Fehler gehören aber auch diese Arbeiten historisch zu jenen Leistungen der physikalischen Forschung, die von der *Notwendigkeit* revolutionärer Veränderungen am Fundament des damaligen physikalischen Theoriengebäudes zeugen. HEISENBERG ist zuzustimmen, wenn er feststellte, daß man revolutionäre Veränderungen im wissenschaftlichen Theoriengebäude macht, „indem man versucht, so *wenig* wie möglich zu ändern.“[3]) Das Minimum erforderlicher Veränderungen bei der Lösung eines im bisherigen Rahmen nicht lösbaren Problems liegt aber ebensowenig von vornherein fest, wie die Richtung und die Art dieser Veränderungen selbst. Daraus ergibt sich die Konsequenz, daß eine Theoriengeschichte, in der die komplizierte Dialektik des realen Erkenntnisprozesses erfaßt werden soll, nicht auf Arbeiten allein beschränkt bleiben kann, in denen die wegweisenden neuen Ideen enthalten sind.

Was tatsächlich bahnbrechend ist, zeigt sich erst am Abschluß eines Entwicklungszyklus, also philosophisch auf der Stufe der Negation der Negation. Der Wert neuer Ideen kann jedoch im Verlaufe des jeweiligen Erkenntnisprozesses selbst bereits abgeschätzt werden. Dazu muß man die Resultate aller Versuche analysieren, Problemlösungen ohne Sprengung des bisherigen theoretischen Rahmens zu erreichen, und gleichzeitig die Möglichkeiten von Problemlösungen auf der Grundlage neuartiger Ideen sorgfältig prüfen.

Das trifft auch für jene Periode der Herausbildung der Quantentheorie zu, in der PLANCK bestrebt war, das Wirkungsquantum in die klassische Physik zu integrieren, und in der gleichzeitig beginnend mit EINSTEINS Arbeiten zum Photoeffekt und der Theorie der spezifischen Wärme das PLANCKsche Wirkungsquantum auch außerhalb der Strahlungstheorie von prinzipieller Bedeutung wurde.

Es wäre zweifelsohne eine philosophisch-spekulative Konstruktion, wollte man in diesen beiden einander widersprechenden Tendenzen, *die* Triebfeder des Theorieentwicklungsprozesses im Bereich der Mikrophysik zur betrachteten Zeit sehen. Die aus diesen widersprüchlichen Tendenzen erwachsenden Spannungen sind aber ein Element realer Dialektik des Erkenntnisprozesses, das oft in der „rationalen Rekonstruktion" der entsprechenden Etappe der Physikentwicklung ausgeblendet wird.

2.2. Einsteins erste quantentheoretische Arbeiten und einige Folgen

EINSTEIN veröffentliche 1905 drei berühmt gewordene Arbeiten in den „Annalen der Physik". Neben seinen ersten wegweisenden Mitteilungen zur speziellen Relativitätstheorie und der Theorie der BROWNschen Bewegung handelte es sich dabei um eine nicht minder bedeutsame Arbeit, in der das Lichtquant hypothetisch eingeführt wurde.[4]) Ausgehend von einer Analyse der PLANCKschen Theorie der Hohlraumstrahlung kam er zu der Überzeugung, daß bei allen mit der Erzeugung und Verwandlung von Licht verbundenen Phänomen die der damals bedingungslos akzeptierten Wellentheorie widersprechende Annahme berechtigt sei, derzufolge sich Licht im Raum diskret, in nichtteilbaren Portionen $h\nu$ ausbereitet.

PLANCK wollte mit dieser Größe nur die Energie von schwingenden Oszillatoren beschreiben. Es war jedoch nicht seine Absicht, auch die Energie der Wärmestrahlung zu quanteln. Bei allem Respekt, den er frühzeitig den Arbeiten EINSTEINS zollte, konnte er eine solche Weiterung lange nicht billigen.[5])

Wie ist die Kühnheit dieses 1913 von PLANCK u. a. noch schärfstens verurteilten Schrittes zu erklären? In der wissenschaftshistorischen Literatur finden sich zahlreiche Belege für den fördernden Einfluß MACHscher Gedanken auf EINSTEIN.[6]) PLANCK aber hatte die Quantenhypothese auf einem Wege formuliert, der ihn zunehmend von der MACHschen Philosophie entfernte. Er wurde unter anderem auch von EINSTEIN wegen seiner kritischen Distanz zu MACH getadelt.[7]) Und jetzt ging EINSTEIN auf dem durch PLANCKS Entdeckung vorgezeichneten Weg so weit, daß er dessen Mißbilligung einstecken mußte. Wie vereinbart sich die kühne und, wie sich zeigen sollte, fruchtbare theoretische Spekulation mit der gleichzeitigen Begeisterung für die empiristische Philosophie MACHS?

Dieser Widerspruch klärt sich teilweise dadurch auf, daß im Mittelpunkt wissenschaftshistorischer Einschätzungen der Beziehungen von EINSTEIN und MACH zumeist die Entwicklung der speziellen und der allgemeinen Relativitätstheorie steht, ohne besonders auf die erkenntnistheoretisch-methodologischen Leistungen EINSTEINS zur Entwicklung der Quantentheorie einzugehen.

EINSTEIN war, im Unterschied zu PLANCK, am Beginn unseres Jahrhunderts sicher kein engagierter Gegner der philosophisch-weltanschaulichen Position MACHS. Er war aber auch keineswegs als dessen potentieller Mitstreiter anzusehen. Die verschiedentlich anzutreffende Auffassung, die nachweisbar vorhandenen Differenzen auf der Ebene prinzipieller philosophisch-weltanschaulicher Positionen zwischen EINSTEIN und MACH seien für die Entwicklung des EINSTEINschen physikalischen Denkens unerheblich gewesen, ist unbegründet.

Die für PLANCK charakteristische Hinwendung zum Atomismus und dessen materialistischen Implikationen, PLANCKS Überwindung der metaphysischen Trennung von Empirie und Theorie, seine Kritik am subjektiv-idealistischen Erfahrungsbegriff und die damit verbundene Betonung der relativ eigenständigen Bedeutung theoretischer Momente in der physikalischen Forschung finden sich implizit auch in den von der Wissenschaftsgeschichte kaum erwähnten EINSTEINschen Arbeiten *vor* 1905 wieder und wurden später zu Kerngedanken seiner explizit dargestellten Erkenntnistheorie.

EINSTEINS Beschäftigung mit der kinetischen Wärmetheorie war Parteinahme für BOLTZMANN gegen MACH! Seine Arbeiten zur BROWNschen Bewegung führten zum Triumph des Atomismus in der Physik. Obgleich er sich über PLANCKS Gegnerschaft zu MACH damals kritisch geäußert hat, teilte er in den für die Entwicklung der Quantentheorie bedeutsamen erkenntnistheoretischen und methodologischen Fragen im wesentlichen den Standpunkt PLANCKS. Da er aber vor allem unter dem Einfluß kritischer Analysen des Weltbildes der klassischen Physik und der philosophischen Verallgemeinerungen des mechanischen Materialismus stand, konnte er auch den Weltbild-zerstörenden Charakter der PLANCKschen Hypothese viel schneller verstehen und akzeptieren als ihr Autor selbst.

EINSTEINS frühe quantentheoretische Arbeiten mahnen einerseits zur Vorsicht, seine philosophisch-weltanschaulichen Überzeugungen zu Beginn seiner wissenschaftlichen Entwicklung in allzu enge Berührung mit den Auffassungen MACHS zu bringen. Andererseits dürfen sie nicht dazu verführen, EINSTEIN bereits in dieser Phase seiner philosophischen Reflexionen als konsequenten Gegner MACHS zu verstehen. Er hatte sich in seinen physikalischen Arbeiten schon relativ weit von MACH entfernt, als er selbst noch meinte, ihm mehr oder minder direkt zu folgen. Die Ernüchterung setzte ein, als er aus dem Vorwort zu MACHS postum veröffentlichter „Optik" erfuhr, daß dieser ein erbitterter Gegner der Relativitätstheorie geworden war. Das mußte EINSTEIN zu einer kritischen Neubesinnung philosophisch-weltanschaulicher und erkenntnistheoretisch-methodologischer Positionen MACHS veranlassen. Er kam mehr und mehr dazu, MACHS Fehleinschätzungen wichtiger Resultate der theoretischen Physik (Atomismus, Relativitätstheorie) als Folge eines extremen Empirismus zu verstehen.[8])

Nicht selten wird EINSTEINS Erklärung des photoelektrischen Effektes als erster experimentell gesicherter Beweis für die Fruchtbarkeit quantentheoretischer Gedanken außerhalb der Theorie der Hohlraumstrahlung angesehen. Die 1905 gegebene theoretische Erklärung dieses Effektes erwies sich als zutreffend. Da man aber erst ab 1915/16 von tatsächlich experimentell gesicherten Belegen sprechen kann, ist die genannte weit verbreitete Auffassung historisch nicht korrekt. Methodologisch ist sie vor allem einem empiristischen Verständnis des Prozesses der Theorieentwicklung geschuldet. Die EINSTEINsche Arbeit aus dem Jahre 1905 ist vielmehr ein weiterer Beleg für die Möglichkeiten einer den experimentellen Befunden verschiedentlich weit vorauseilenden Theorie und damit ein Hinweis auf die relative Eigenständigkeit theoretischer Entwicklungen.

Im Hinblick auf die späteren Diskussionen zum Welle-Teilchen-Dualismus des Lichtes verdient EINSTEINS Begründung für die Grenzen der Wellenauffassung des Lichtes besondere Aufmerksamkeit. Er hob in der erwähnten Arbeit von 1905 hervor, daß sich die optischen Beobachtungen immer auf zeitliche Mittelwerte beziehen. Im Unterschied zu PLANCK galten für ihn die Gleichungen der MAXWELLschen Elektrodynamik damals nur für die zeitlichen Mittelwerte der entsprechenden physikalischen Größen.

Obwohl die Wellentheorie des Lichtes experimentell bei Diffraktions- und Interferenzerscheinungen glänzend bestätigt sei und wohl kaum jemals durch eine andere Anschauung ersetzt werden müsse, hielt es EINSTEIN für zweckmäßig, bei Problemen der Emission und Absorption davon auszugehen, daß die Energie des Lichts sich im Raum diskret ausbereitet. Die Wellenauffassung des Lichtes war demzufolge für EINSTEIN zunächst die makrophysikalische Näherung, während die Korpuskelauffassung deren mikrophysikalische Grundlage darstellte. Die komplizierten Beziehungen der phänomenologischen Thermodynamik und der klassischen Mechanik sollten ihr Analogon in der Theorie des Lichts haben. Damit untergrub EINSTEIN die Einheit des Weltbildes der klassischen Physik an einer weiteren Stelle. Vom unauflöslichen Widerspruch der Wellen- und der Korpuskelauffassung des Lichtes konnte noch nicht die Rede sein. In der klassischen Physik war zwar experimentell bewiesen, daß Licht Wellencharakter hat. Es war aber experimentell nicht erwiesen, daß damit Korpuskeleigenschaften ausgeschlossen sind.[9]) Theoretisch schien es jedoch evident, daß Welle und Korpuskel einander wechselseitig ausschließen. Die EINSTEINsche Annahme widersprach aber weder den experimentellen Fakten noch enthielt sie theoretisch widersprüchliche Aussagen. EINSTEIN war sich durchaus des hypothetischen Charakters seiner Auffassung bewußt und brachte das bereits im Titel seiner Arbeit zum Ausdruck: „Über einen die Erzeugung und Verwandlung des Lichtes betreffenden *heuristischen Gesichtspunkt*". (Hervorhebung U. R.)

PLANCK sah sich nicht zuletzt auf Grund dieser Arbeit gezwungen, den Prozeß der Emission und Absorption näher zu untersuchen. Wie man heute weiß, fehlten damals aber zur Behandlung dieser Problematik die erforderlichen physikalischen Grundlagen. PLANCK kam 1914 schließlich dazu, seine Quantenhypothese faktisch rückgängig zu machen, indem er fälschlicherweise Emission und Absorption wieder als kontinuierliche Prozesse behandelte.[10])

Auf dem Wege zu seiner „veränderten Formulierung der Quantenhypothese" hatte er 1911 bereits den Gedanken ausgesprochen, daß die Elementarprozesse der Quantentheorie Zufallsereignisse seien. Dabei übertrug er seine an der Makrophysik entwickelten Überlegungen zum Problem des Zufalls auf die Mikrophysik. Jedem zufälligen Ereignis sollten danach Ursachen zugrundeliegen, deren Gesetze wir lediglich über statistische Näherungen erkennen. Für die Emission sollte unter keinen Umständen die mechanistische Kausalitätsauffassung aufgegeben werden, vielmehr sollten „die Vorgänge, welche die Emission kausal bedingen, so verborgener Natur sein, daß ihre Gesetze einstweilen nicht anders als auf statistischem Wege zu ermitteln sind."[11]) Derartige

Überlegungen spielten in EINSTEINS Arbeiten zu dieser Zeit noch keine Rolle.

Im Anschluß an seine erste quantentheoretische Untersuchung ging EINSTEIN zu einer solch intensiven Beschäftigung mit den quantentheoretischen Problemen über, daß zeitweilig sogar die Fragen der Relativitätstheorie und der Gravitation zurücktraten. Sicher hat der Ruf, den der Schöpfer der Relativitätstheorie damals bereits genoß, nicht wenig dazu beigetragen, weitere Physiker auf einen Problemkreis der theoretischen und experimentellen Forschung aufmerksam zu machen, aus dem bald schon Erkenntnisse erwachsen sollten, die denen der Relativitätstheorie in ihrer Tragweite nicht nachstanden.

EINSTEIN selbst erkannte frühzeitig, daß sich das PLANCKsche Wirkungsquantum nicht in das Gebäude der klassischen Physik einfügt. Über eine auch von JEANS, PLANCK u. a. angestellte Dimensionsbetrachtung (die Größe e^2/c hat die Dimension der Wirkung und ist in ihrer Größenordnung mit h vergleichbar) machte er darauf aufmerksam, daß das Problem der Quantenstruktur der Strahlung und das der Existenz von Elektronen miteinander im Zusammenhang stehen.[12]) Sowohl die Quantenstruktur der Strahlung als auch die Existenz des Elektrons sind im Rahmen der MAXWELLschen Elektrodynamik aber nicht erklärt. Damit war einer auszuarbeitenden Quantentheorie die Aufgabe formuliert, die Existenz von elektrisch geladenen Teilchen mit dem Quantencharakter der Strahlung in Verbindung zu bringen. Die Schwierigkeit dieser Aufgabenstellung wurde jedoch damals noch unterschätzt.

Neben den Konsequenzen aus der Einführung der Quantenhypothese für die Elektrodynamik sah EINSTEIN auch noch weitere Konsequenzen für die Thermodynamik. Es hatte sich gezeigt, daß die Formel für die spezifische Wärme fester Körper, die die klassische Theorie liefert, bei tiefen Temperaturen merklich von den tatsächlich gemessenen Werten abweicht. NERNST sprach im Zusammenhang mit dem 1906 phänomenologisch formulierten 3. Hauptsatz der Wärmelehre die Vermutung aus, daß die spezifische Wärme eines Körpers bei Annäherung an den absoluten Nullpunkt einem festen Grenzwert zustrebe und ging zu einer systematischen experimentellen Untersuchung dieses Phänomens über. Die außerordentlich aufwendigen Arbeiten zeitigten zufällig zu dem Zeitpunkt erste Ergebnisse, zu dem NERNST mit der neuen Theorie der spezifischen Wärme von EINSTEIN bekannt geworden war.

EINSTEIN hatte ausgehend von dem Energieverteilungsgesetz für Quantenzustände der Oszillatoren eine quantentheoretische Neuberechnung der spezifischen Wärme fester Körper geliefert,[13]) die später durch DEBYE, BORN und KÁRMÁN weiter vervollkommnet wurde. Bereits die erste EINSTEINsche Arbeit war so erfolgreich, daß NERNST bald daraufhin ein Anhänger der Quantenhypothese wurde. Einmal von der Leistungsfähigkeit quantentheoretischer Ansätze überzeugt, führten die von seinen Mitarbeitern gemessenen quantitativen Abweichungen von den durch die EINSTEINsche Theorie vorhergesagten Größen nicht wieder zu Zweifeln an der neuen Konzeption, sondern veranlaßten ihn vielmehr, nach Vervollkommnung des quantentheoretischen Ansatzes zu suchen.

Mit dem Phänomen der spezifischen Wärme fester Körper bei tiefen Temperaturen war neben der Hohlraumstrahlung ein zweiter Bereich von Erscheinungen experimentell und theoretisch erschlossen, der *nur* quantenphysikalisch erklärt werden konnte. Die Quantenhypothese stand aber nach wie vor noch als Fremdkörper im Theoriengebäude der Physik. NERNST hielt unter diesen Voraussetzungen einen internationalen Kongreß der führenden Physiker für dringend erforderlich.

In der Begründung zu der für 1911 nach Brüssel einberufenen 1. Solvay-Konferenz hieß es:

„Wie es scheint, stehen wir zur Zeit mitten in einer umwälzenden Neugestaltung der Grundlagen, auf welchen die bisherige kinetische Theorie der Materie beruht. Einerseits führt diese Theorie in ihrer konsequenten Durchbildung ... zu einer Strahlungsformel, deren Gültigkeit allen Erfahrungen widerspricht; andererseits folgen aus der gleichen Theorie gewisse Sätze über die spezifische Wärme ..., die ebenfalls durch viele Messungen völlig widerlegt werden.

Wie insbesondere PLANCK und EINSTEIN gezeigt haben, verschwinden diese Widersprüche, wenn man der Bewegung der Elektronen und Atome bei Schwingungen um eine Ruhelage gewisse Schranken auferlegt (Lehre der Energiequanten); aber diese Auffassung entfernt sich wiederum so sehr von den bisher benutzten Bewegungsgleichungen materieller Punkte, daß mit ihrer Annahme zweifellos eine weitgehende Reformation unserer bisherigen Fundamentalanschauungen verbunden sein muß."[14])

Schwerwiegende Entscheidungen waren also verlangt. Es war nicht mehr auszuschließen, daß die Einführung der Quantenhypothese das gesamte Fundament des Theoriengebäudes der Physik verändern würde. Nach der relativistischen Formulierung der Mechanik schien eine weitere Veränderung dieser Theorie im Bereich des Möglichen zu liegen. Die 1. Solvay-Konferenz, auf der die führenden Physiker nahezu ausnahmslos versammelt waren, stellte diese Probleme in aller Deutlichkeit.

Mit einer ausführlichen Berichterstattung über die intensiven Diskussionen um das Für und Wider quantentheoretischer Ansätze wurde erstmalig einem breiten Physikerkreis die Tragweite der Problematik vor Augen geführt. Die Quantenhypothese hörte auf, eine unbegründete ad-hoc Annahme zur Erklärung der richtigen Formel bei der Hohlraumstrahlung zu sein.

In den nächsten Jahren rückten Probleme der Quantentheorie in verschiedenen Bereichen der Physik in den Mittelpunkt des Interesses. Dabei ging es vor allem um die Erarbeitung wichtiger mathematisch-technischer Details der Theorie und um weitere experimentelle Bestätigungen der Möglichkeiten quantentheoretischer Behandlung physikalischer Erscheinungen. Die damit aufgeworfenen philosophischen Probleme waren vorübergehend von untergeordneter Bedeutung. Es wurde vor allem gefragt, wie weit man mit quantentheoretischen Ansätzen kommt und wie der Übergang von der klassischen Behandlung physikalischer Phänome zu deren quantentheoretischen Berechnung zu erfolgen habe.

Die Schlacht um den Atomismus und die materialistischen Grundpositionen zur Erklärung mikrophysikalischer Phänomene war zunächst erfolgreich geschlagen, obwohl Mach und dessen Anhänger weiterhin Rückzugsgefechte lieferten. Keiner der an dem Ausbau und der Erweiterung erster quantentheoretischer Ansätze mit Erfolg beteiligten Wissenschaftler ging in der physikalischen Forschung von idealistischen Positionen aus, obgleich idealistische Fehlinterpretationen von Forschungsergebnissen auch damals anzutreffen waren. Insgesamt aber spielten die Probleme der Mikrophysik in den philosophisch-weltanschaulichen Debatten über Grundlagenfragen der Physik eine untergeordnete Rolle. Die Auseinandersetzungen spitzten sich vor allem um die Relativitätstheorie zu.

Beim Ausbau der quantentheoretischen Ansätze nach 1911 rückten die Fragen des Aufbaus von Atomen und ihrer Spektren immer mehr in den Mittelpunkt des Interesses. War bereits die Einführung des Wirkungsquantums mit einem konsequenten Atomismus verbunden, interessierten sich die Physiker nun auf der Grundlage eines theoretisch und experimentell abgesicherten Atomismus zunehmend für die Beschaffenheit der Atome selbst. Dabei ging man teilweise davon aus, beim immer tieferen Eindringen in die Mikrowelt auf Phänomene zu stoßen, die auf der Ebene der bis dahin zugänglichen Makrophysik unbekannt waren.

Es begann ein außerordentlich komplizierter und vielfach verästelter Forschungsprozeß, an dessen vorläufigen Abschluß gegen Ende der 20er Jahre physikalisch und philosophisch verblüffende, neue Einsichten in die Dialektik der Natur stehen sollten. Eine wesentliche Etappe auf dem Weg zur modernen Atomtheorie war der bis an die Grenzen seiner Leistungsfähigkeit geführte Ausbau des quasiklassischen Bohr-Sommerfeldschen-Atommodells.

2.3. *Bohr-Sommerfeldsches Atommodell*

Während die erkenntnistheoretische Schule um Mach noch davon ausging, daß Atome nicht existieren können, waren einige Physiker bereits damit beschäftigt, konkrete Atommodelle in Übereinstimmung mit den jeweils bekannt gewordenen experimentellen Daten zu entwickeln. Die Vorstellungen der griechischen Atomisten, die für die ersten Ansätze zur kinetischen Wärmetheorie noch ausreichend schienen, genügten keinesfalls mehr, um die empirisch gefundenen Regelmäßigkeiten der Spektren von Atomen und Molekülen, die Gesetze des radioaktiven Zerfalls, der Streuung von α-Teilchen am Atom u. a. adäquat zu beschreiben.

Der Schlüssel zum Verständnis des Atoms lag, darüber war man sich seit der Entdeckung der Spektralanalyse im klaren, beim Verständnis der Spektren. Als es gelungen war, erste Erfolge bei der Erklärung der Emission von Spektrallinien zu erreichen, indem man die Elektronen für die Strahlung verantwortlich machte, wurde dieser Gedanke schnell zum Allgemeingut aller Physiker, die konkrete Atommodelle diskutierten.

Ausgehend von mechanischen Vorstellungen wurden verschiedene Modelle getestet. In der Diskussion befanden sich Lorentz' Modell vom elastisch gebundenen Elektron (1896), die Dynamiden-Vorstellung Lenards (1902), das Thomsonsche Modell einer positiv geladenen Kugel mit eingeschlossenen Elektronen (1903), das planetarische System von Perrin (1901) und Nagoka (1903), das Ritzsche magnetische Modell (1908) und das Rutherfordsche Modell (1911) — alles Modelle die ohne Quantenhypothese auskamen.

Erstmalig wurde 1901 ein Versuch unternommen, ein

Atommodell zu berechnen, in dem das PLANCKsche Wirkungsquantum einging. Dieser Versuch stammte von A. HAAS. Von HASENÖHRL wurde er dafür kritisiert, daß er „naiverweise Wissenszweige, die gar nichts miteinander zu tun haben könnten, wie Quantentheorie (als etwas Wärmetheoretisches) und Spektroskopie (als etwas Optisches) miteinander vermengt" habe.[16]) Ein anderer Kritiker nannte das Ganze gar einen Faschingsscherz.[17])

Bald schon sollte sich aber zeigen, daß nur der quantentheoretische Ansatz eine Möglichkeit zum tatsächlichen theoretischen Verständnis atomarer Prozesse eröffnet. Heute gilt das Atom als „die eigentliche Manifestation der Quantentheorie."[18])

Ausgangspunkt quantentheoretischer Atomtheorie war das RUTHERFORDsche Planetenmodell, mit dem BOHR während seines Aufenthalts in Manchester 1912 bekannt wurde. Zur weiteren Klärung der Begriffe, mit denen man über das Atom sprechen kann, hat BOHR Entscheidendes geleistet. Von SOMMERFELD wurde später die mathematische Ausgestaltung des Modells vollzogen. Sein Verdienst liegt vor allem darin, die als quasiklassische Berechnungen bezeichneten Methoden nahezu perfektioniert zu haben.

Die Physiker waren bereits vor der ab 1912 erfolgenden Ausarbeitung des BOHRschen Atommodells mit einer Vielzahl konkurrierender Modelle konfrontiert, die über einander widersprechende Eigenschaften verfügten. Keines dieser Modelle hatte aber wesentliche Vorteile gegenüber den mit ihm konkurrierenden aufzuweisen.

Um experimentell überprüfbare Schlüsse zu bekommen, mußte man Berechnungen auf der Grundlage *eines* Modells anstellen. Dabei wurden die anderen von diesen Berechnungen unabhängigen Modelle nicht außer Kraft gesetzt. Mit dem BOHR-SOMMERFELDschen Atommodell wurde eine Modellvorstellung entwickelt, die alle vorher benutzten zurückdrängte, die sich selbst aber schließlich als zu eng erwies. Am Ende dieses Prozesses stand die

Relativierung der Bedeutung anschaulicher Modelle inneratomarer Prozesse.

Einigen neopositivistisch orientierten Wissenschaftsphilosophen erscheint diese Entwicklung mit Lakatos als eine „beispiellose Niveausenkung kritischer Maßstäbe für wissenschaftliche Theorien“.[19]) Sie gehen davon aus, daß die von ihnen gefundenen Regelmäßigkeiten wissenschaftlichen Arbeitens normative Festlegungen über das Vorgehen in der wissenschaftlichen Forschung sind und messen in völlig unzulässiger Weise die reale Theorienentwicklung am Grad der Übereinstimmung mit ihren theoretischen Konstruktionen. Hier kommt es darauf an, aus der Analyse des tatsächlichen Vorgehens in der wissenschaftlichen Forschung zu begründeten erkenntnistheoretisch-methodologischen Verallgemeinerungen zu kommen. Dabei hat man in Übereinstimmung mit der realen Theoriengeschichte zu beachten, daß das Bohr-Sommerfeldsche Atommodell ein wichtiger Schritt auf dem Wege zu einer konsistenten Theorie des Atoms war.

Das Bohr-Sommerfeldsche Atommodell geht bekanntlich von der Gültigkeit der klassischen Mechanik (Bahnen der Elektronen) und der Maxwellschen Elektrodynamik (Strahlung) aus, muß aber, um die Stabilität der Elektronenbahnen zu garantieren, quantentheoretische Bedingungen einführen, die der klassischen Physik widersprechen. Im Rahmen *eines* Modells sind also einander widersprechende Annahmen vorhanden. Hatte man sich vorher mit einer Vielfalt von Modellen abfinden müssen, die über einander wechselseitig ausschließende Eigenschaften verfügten, so hatte man es nun mit einander ausschließenden Eigenschaften *innerhalb eines* Modells zu tun. Es war damit sofort die Frage nach der Endgültigkeit eines solchen Modells gestellt. Nach der bis dahin in der Physik üblichen Auffassung, konnte ein solches Modell lediglich ein Durchgangsstadium auf dem Wege zu einem vollkommeneren sein. Man konnte aber auch fragen, ob sich in ihm nicht schon jene prinzipielle Schwierigkeit manifestiert, auf die man stößt, wenn man das Problem der Elementarität in seiner philosophisch-weltanschaulichen Tragweite stellt.

Bereits KANT hatte darauf aufmerksam gemacht, daß die Entscheidung für oder gegen den Atomismus immer zu einem schwerwiegenden theoretischen Problem führt. Einerseits setzt der Atomismus letzte unteilbare Objekte voraus. Die Atome sind aber andererseits als ausgedehnt unterstellt. Selbst wenn man diese Voraussetzung in KANTS Argumentation aufgibt, verfügen die Atome in allen konkreten Modellen über einen Komplex verschiedener Eigenschaften und sind damit auf der Ebene der Eigenschaften selbst wieder Zusammengesetztes. KANT formulierte das von ihm gestellte Problem als zweiten Widerstreit der Antinomie der „reinen Vernunft". Seine Thesis lautete: „Eine jede zusammengesetzte Substanz in der Welt besteht aus einfachen Teilen, und es existiert überall nichts als das Einfache, oder das, was aus diesem zusammengesetzt ist."[20]) Dazu gilt die entsprechende Antithesis: „Kein zusammengesetztes Ding in der Welt besteht aus einfachen Teilen, und es existiert überall nichts Einfaches in derselben."[21])

KANT hatte diesen Widerstreit für unauflöslich gehalten. Von HEGEL wurde er auch dafür kritisiert, daß er ihn nur in der Vernunft, nicht aber in den Objekten selbst angesiedelt hatte.[22]) HEGEL hielt die KANTschen Antinomien für unzulänglich analysierte dialektische Widersprüche: „Die Notwendigkeit dieser Widersprüche ist die interessante Seite, die KANT zum Bewußtsein gebracht hat. Man stellt sich nach der gemeinen Metaphysik vor, eins müsse gelten und das andere widerlegt werden; die Notwendigkeit aber, daß solche Widersprüche stattfinden, ist gerade das Interessante."[23])

Für den Dialektiker ergibt sich die Frage, ob diese Notwendigkeit ihren adäquaten physikalischen Ausdruck in der Widersprüchlichkeit des BOHR-SOMMERFELDschen Atommodells findet. Im Rahmen eines materialistischen Vorgehens läßt sich diese Frage erst beantworten, wenn man auch die weitere Theorieentwicklung analysiert. Kennt man nur das BOHR-SOMMERFELDsche Atommodell, könnte man geneigt sein, diese Frage zu bejahen. Kennt man aber auch die Überwindung dieses Modells in der quantenmechanischen Atomphysik, muß man sie verneinen.

Diese Tatsache scheint uns zugleich zur Vorsicht zu mahnen, objektiv dialektische Widersprüche der Natur direkt an neuesten Erkenntnissen einzelner Wissenschaften abzulesen. Die Physik dringt immer tiefer in die Dialektik der Natur ein; die Widerspiegelung der Naturdialektik in den physikalischen Theorien ist aber ein Problem, das sich erst der philosophischen Analyse erschließt. Dazu ist es unbedingt erforderlich, den Prozeß der Herausbildung und Entwicklung physikalischer Theorien gründlich zu untersuchen.

BOHR war sich bei der ersten Formulierung des neuen quantentheoretischen Atommodells durchaus der darin enthaltenen Widersprüche bewußt. Er formulierte es trotz der von neopositivistischen Wissenschaftsphilosophen immer wieder erhobenen Forderung der Widerspruchsfreiheit theoretischer Systeme. Die im Rahmen positivistischer Wissenschaftsphilosophie zur Normierung wissenschaftlichen Vorgehens benutzte Feststellung, die für relativ abgeschlossene Theorien voll gültig ist, hätte also einen heuristisch bedeutsamen Ansatz verhindert, wäre BOHR den Handlungsanweisungen dieser Methodologen gefolgt.

Auch SOMMERFELD war sich bei der weiteren Ausgestaltung des Modells von Anfang an der genannten Widersprüchlichkeit bewußt. Die antipositivistische Einstellung beider Theoretiker hat verhindert, daß sie dem Prinzip der Widerspruchsfreiheit theoretischer Konstruktionen einen ebensolchen Stellenwert einräumten, wie ihm im Rahmen aller strengen Methodologien zugedacht wird. Dabei waren BOHRS geniale Intuitionen vor allem durch spontan dialektisches Denken geprägt, während SOMMERFELD wegen des phänomenologischen

Charakters dieser Theorie ihrer Widersprüchlichkeit keine besondere Aufmerksamkeit zollte. Für ihn genügte bereits der Hinweis auf die Diskretheit und Schärfe der Spektrallinien sowie die Existenz und Permanenz der Atome, um sich mit dem Widerspruch abzufinden.[24])

Bohr und Sommerfeld verfügten über dieselben empirischen Daten im Bereich der Atomphysik, kamen aber im Verlaufe der Arbeit mit dem neuen, alles bisher in diesem Bereich Dagewesene übertreffenden Atommodell zu völlig unterschiedlichen Einschätzungen über dessen Brauchbarkeit. Bohr beurteilte die Möglichkeiten dieses Modells relativ zurückhaltend, während Sommerfeld mit den vor allem von ihm und seiner Schule erreichten Erfolgen des quasiklassischen Modells immer mehr darin bestärkt wurde, daß bereits der richtige Ansatz zur Atomtheorie gefunden war. Der dem Denken in metaphysischen Alternativen viel stärker verhaftete Sommerfeld war eher bereit, sich mit den Widersprüchen des neuen Modells abzufinden als Bohr. Die auftretenden Widersprüche in den Grundlagen des Modells störten Sommerfeld bei seinen konkreten Berechnungen nicht. Sie blieben als logische Unstimmigkeiten bei der Begründung des von ihm benutzten theoretischen Rahmens immer außerhalb seiner Betrachtung. Mit derartigen theoretischen Grundlagenfragen beschäftigte er sich nicht sonderlich. Er hielt sich nicht für einen Philosophen. Im Brief an Einstein schrieb er 1922: „Ich kann nur die Technik der Quanten fördern, Sie müssen ihre Philosophie machen.“[25])

Sommerfeld ging davon aus, daß die Überwindung der genannten Widersprüche innerhalb des bekannten theoretischen Rahmens selbst erfolgen konnte, während Bohr faktisch mit Beginn seiner Untersuchungen davon überzeugt war, daß ein die klassische Physik sprengender, neuer theoretischer Rahmen für die Atomphysik gefunden werden mußte.[26]) In der Einführung des Planckschen Wirkungsquantums sah er im Gegensatz zu Planck selbst einen prinzipiellen Schritt, der nicht mehr mit der von LEIBNIZ u. a. geteilten Überzeugung zu vereinbaren war, daß die Natur keine Sprünge mache. Die Physik hatte sich nach seiner Meinung von diesem Prinzip zu trennen; eine neue, über die Geschlossenheit der klassischen Physik hinausreichende theoretische Basis mußte gefunden werden. Dabei durften aber die bereits erzielten Erfolge physikalischer Naturerklärung nicht leichtfertig aufs Spiel gesetzt werden. In diesem Sinne wurde der Gedanke des korrespondenzmäßigen Anschlusses der neuen Theorie an die alte bereits lange vor der eigentlichen Formulierung des Korrespondenzprinzips geboren.

Die Entwicklung hat gezeigt, daß das BOHR-SOMMERFELDsche Atommodell nicht mehr aber auch nicht weniger als ein wichtiges Durchgangsstadium auf dem Wege zu einer nichtklassischen Theorie war; BOHRS Überzeugung erwies sich folglich als richtig. Das aber konnte zwischen 1913 und 1925 noch niemand wissen. Es ist daher im Hinblick auf die philosophischen Verallgemeinerungen zur Theoriendynamik außerordentlich lehrreich, die Entfaltung des ursprünglichen Ansatzes und jene die Entwicklung vorantreibenden Widersprüche näher zu untersuchen.

BOHR erkannte 1913, daß die Stabilität der Atome durch ein quantentheoretisches Prinzip begründbar ist. Er postulierte: Im RUTHERFORDschen Atommodell sind nicht alle Elektronenbahnen erlaubt, die die klassische Mechanik zuläßt. Es sind nur jene Bahnen möglich, für die das Wirkungsintegral ein ganzzahliges Vielfaches des PLANCKschen Wirkungsquantums ist.

$$\oint p\,dq = nh, \tag{2}$$

p — Impuls, q — Koordinate, $n = 1, 2, \ldots$

Diese Zustände sind stationär. Im Gegensatz zu den Erwartungen der klassischen Elektrodynamik strahlen die Elektronen auf diesen Bahnen keine Energie ab. Emissions- und Absorptionsvorgänge sind immer mit Zustandsänderungen verbunden. Die Elektronen „springen" dabei unter Energieaufnahme bzw. -abgabe von einer Bahn zu einer anderen. In Form elektromagnetischer Strahlung wird bei einem Emissionsprozeß ein Energiebetrag freigesetzt, der genau der Energiedifferenz der beiden energetisch unterschiedenen Zustände entspricht. Mit dem Ansatz (2), dessen Allgemeingültigkeit 1913 von DEBYE gezeigt werden konnte, den BOHRschen Berechnungen verschiedener energetischer Zustände des Elektrons im Wasserstoffatom und der Berechnung der Strahlungsfrequenzen ω über die Beziehung

$$E_n - E_m = \omega_{n,m} \hbar , \tag{3}$$

$\hbar = h/2\pi$; $n = 1, 2, \ldots$; $m = 1, 2, \ldots$, war eine Möglichkeit geschaffen, die Vorstellungen der klassischen Physik mit quantentheoretischen Überlegungen in einer ersten groben Näherung zu synthetisieren.

Neben der Formulierung eines völlig neuen Zustandsbegriffs war vor allem die Einführung der ganzen Zahlen in (2) und (3) von fundamentaler Bedeutung. Für die Quantenzahlen gab es zunächst lediglich phänomenologische Rechtfertigungen, sie erhielten aber später in der neuen Quantenmechanik aus den Eigenschaften der Lösung der neuen Bewegungsgleichung eine sehr tiefe mathematische Begründung.

BOHRS fundamentale Arbeit von 1913 wies einen Weg, auf dem die Potenzen der klassischen Physik in Verbindung mit quantentheoretischen Vorstellungen für das Verständnis des Atomaufbaus und der Spektren der Atome voll ausgeschöpft werden konnten. SOMMERFELD lernte diese revolutionären Gedanken kennen, nachdem er erst wenige Jahre vorher (1910) endgültig die Bedeutung der PLANCKschen Hypothese akzeptiert hatte. In Erweiterung der von BOHR betrachteten Kreisbahnen führte er später elliptische Bahnen ein und fügte dem Modell damit eine weitere Quantenzahl hinzu.

Als ihm 1916 durch relativistische Modifikation die vollständige Aufklärung der Feinstruktur des Wasserstoffatoms in glänzender Übereinstimmung mit den experimentellen Daten gelungen war, ging er mehr und mehr dazu über, die Modellvorstellungen für unverfälschte Darstellungen der tatsächlichen atomaren Prozesse zu nehmen. PLANCK hatte SOMMERFELD geschrieben: „Daß auch die relativistische Mechanik sich nicht nur ganz zwanglos in die Quantentheorie einfügt, sondern den Tatsachen merklich besser gerecht wird als die klassische Mechanik, ist wirklich alles, was man verlangen kann.“[27]) Die im Zusammenhang mit der Polarisation der Zerlegungslinien beim ZEEMAN-Effekt geäußerte Vermutung, daß „ganz neue Gesetze der Mechanik gefunden werden“[28]) mußten, trat in den Hintergrund. Man verfügte, so meinte SOMMERFELD nun, über die richtige Mechanik atomarer Prozesse und konnte alle Probleme über die entsprechende Auswahl der Quantenbedingungen regeln, ohne die Mechanik grundsätzlich modifizieren zu müssen. Die Mechanik der Mikrophysik sollte der Mechanik der Makrophysik in den Grundgleichungen identisch sein. Sie war lediglich für mikrophysikalische Prozesse durch entsprechende Bedingungen einzuschränken.

Diese Überzeugung SOMMERFELDS wurde von BOHR außerordentlich skeptisch aufgenommen. Zwar hatten zahlreiche experimentelle Arbeiten die Fruchtbarkeit des BOHRschen Atommodells eindrucksvoll bestätigt.[29]) Das anschauliche BOHR-SOMMERFELDsche Modell führte aber auch zu theoretischen Problemen, die auf die Möglichkeit verwiesen, daß bisherige mechanische Vorstellungen für inneratomare Phänomene nicht mehr anwendbar sind. Konkrete Versuche, die entstandenen Schwierigkeiten zu vermeiden, ließen in Göttingen und Kopenhagen zu Beginn der 20er Jahre die Überzeugung entstehen, daß für atomare Phänomene eine von der klassischen Mechanik verschiedene Theorie erforderlich ist. Es wurde eine neue Mechanik, die Quantenmechanik gesucht.

Damit mußte zugleich auch jeder Versuch aufgegeben

werden, weiterhin am mechanischen Materialismus als der philosophisch-weltanschaulichen Grundlage der Physik festzuhalten. Die naturwissenschaftlich orientierte Variante der im 17. und 18. Jahrhundert äußerst fruchtbaren philosophischen Strömung war wegen der metaphysischen Festschreibung physikalischer Erkenntnisse im 20. Jahrhundert denkbar schlecht geeignet, den Erkenntnisfortschritt der Physik weiter zu fördern. Jede rationale Kritik am mechanischen Materialismus hingegen aber war von heuristischem Wert. Vor allem in den Werken von MACH, DUHEM u. a. lagen für die Physiker verständliche Kritiken auf positivistischer Grundlage vor, die nicht in offenen Irrationalismus mündeten. Da die dialektisch-materialistische Kritik am mechanischen Materialismus den Naturwissenschaftlern weitgehend unbekannt geblieben war, konnte der Positivismus vorübergehend in den philosophischen Auffassungen zahlreicher Physiker an Boden gewinnen. Es erschien ihnen einfacher, auf weltanschauliche Orientierungen überhaupt zu verzichten als von Präzisierungen philosophisch-weltanschaulicher Prinzipien auszugehen, die im 17. und 18. Jahrhundert formuliert waren.

Die Geschichte der Quantenmechanik wird heute oftmals als eine Geschichte der Sieger geschildert. Es wird berechtigterweise großer Wert auf die von BOHR, BORN und ihren Mitarbeitern diskutierten Argumente für die Notwendigkeit eines prinzipiell neuen theoretischen Ansatzes zur Atomphysik gelegt. Unberechtigterweise wird dabei aber die Überzeugung von SOMMERFELD und seiner Schule zumeist nur als mangelnde Einsicht in die Notwendigkeit sich anbahnender revolutionärer Umgestaltungen angesehen. Eine solche Darstellung vermag der realen historischen Entwicklung nicht voll gerecht zu werden und blendet einen der wesentlichen, die Theorieentwicklung vorantreibenden Widersprüche aus.

Historisch ist entschieden, in welche Richtung die Entwicklung der Quantentheorie ging. In den Jahren bis 1925 aber war diese Frage noch offen und auch der

Standpunkt SOMMERFELDS hatte seine Berechtigung. Eine der realen Dialektik des Erkenntnisprozesses folgende Darstellung darf das nicht übersehen.

2.4. Neues kündigt sich an

In der evolutionären Phase der Entfaltung quantentheoretischer Ansätze bis 1925 gab es bereits verschiedene Hinweise auf Möglichkeiten eines prinzipiell neuen Herangehens an einige Probleme.

EINSTEIN, dessen wahrscheinlichkeitstheoretische Überlegungen eine wesentliche Grundlage für die Berechnung der Strahlungsintensitäten im BOHR-SOMMERFELDschen Atommodell waren, machte 1916 auf die Analogie zwischen den Gesetzen des radioaktiven Zerfalls und der Lichtemission aufmerksam.[30]) NERNST nutzte 1922 die damals bereits gut bekannten Gesetze des radioaktiven Zerfalls dazu, seine Hypothese zu stützen, wonach *alle* Gesetze der Physik statistischer Natur sind.[31])

Damit war bereits vor den Auseinandersetzungen um die prinzipiell statistische Interpretation der Quantenmechanik auf die Möglichkeit verwiesen, daß die bisher in der Physik übliche Kausalitäts- und Determinismusauffassung zu eng sein könnte. Im Unterschied zu den im Anschluß an BOLTZMANNS statistische Interpretation des 2. Hauptsatzes der Wärmelehre angestellten Überlegungen über den Charakter der Naturgesetze wurden nun in den entsprechenden Diskussionen Erfahrungen aus der Atomphysik angeführt. Diese Erörterungen blieben aber im wesentlichen auf der Ebene interessanter Spekulation. Die physikalische Forschung hatte noch nicht dazu *gezwungen*, das philosophische Kausalitäts- und Determinismusproblem neu zu durchdenken.

Ähnlich war anfangs die Situation im Zusammenhang mit DE BROGLIES Hypothese vom Wellen-Teilchen-Dualismus (1923). Sie wurde in konsequenter Fortführung der Arbeiten EINSTEINS über die Quantennatur des Lichts formuliert.

EINSTEINS Lichtquantenhypothese galt lange Zeit als unbegründete Spekulation. Erst mit der Entdeckung des COMPTON-Effektes im Jahre 1923 konnte die über ein Jahrhundert währende Vorherrschaft der Auffassungen von der Wellennatur des Lichts tatsächlich durchbrochen werden. Die von COMPTON experimentell beobachtete Frequenzverminderung bei der Streuung von Röntgenstrahlen konnte man theoretisch erklären, wenn man Licht als Korpuskelstrom ansah. Während 1818 FRESNEL eine theoretische Rechtfertigung der von YOUNG vorher experimentell begründeten Wellennatur des Lichts gegeben hatte, lieferte COMPTON 1923 den experimentellen Beweis für die vorher von EINSTEIN entwickelte Lichtquantentheorie. Experiment und Theorie hatten innerhalb eines Jahrhunderts soviel Material angehäuft, daß an der Vereinbarkeit ursprünglich als unvereinbar geltender Vorstellungen im Bereich optischer Phänomene nicht mehr zu zweifeln war. Es gab nun kein Zurück mehr zur alten Wellentheorie des Lichts. Auf der Grundlage der Korpuskeltheorie aber war auch die vollständige Aufgabe der Wellentheorie des Lichts nicht mehr zu rechtfertigen.

Damit waren schwerwiegende Probleme aufgeworfen. Die metaphysische Abbildtheorie, wie sie in fehlerhafter philosophischer Verallgemeinerung der Resultate der klassischen Physik entstanden war, forderte Isomorphie zwischen dem abgebildeten Objekt und seinem Abbild und unterstellte die Zusammenhänge in der objektiven Realität in Form der von der jeweiligen Theorie benutzten mathematischen Strukturen. Diese Abbildtheorie konnte man nun unmöglich aufrecht erhalten. Welche der voneinander verschiedenen mathematischen Strukturen hätte man mit dem Verhalten realer Objekte identifizieren sollen? Aber auch die von MACH ausgehenden empiristischen Deutungen des Theoriebegriffes waren unhaltbar. Danach wäre die Eindeutigkeit und Widerspruchsfreiheit der Theorie fraglich gewesen. Was aber war unter diesen Voraussetzungen nun eine physikalische Theorie? Welche Forderungen hatte sie zu erfüllen? Was waren eigentlich die Objekte physikalischer Theorien? Zugleich mit diesen Fragen blieb auch die der ontologischen Tradition verhaftete Fragestellung nach der *wirklichen* Natur des Lichts. Es kamen in der Physikentwicklung philosophisch-weltanschauliche Probleme auf die Tagesordnung, deren Beantwortung bald noch tiefer in die Theorieentwicklung selbst eingreifen sollte.

De Broglie sprach ausgehend von Einsteins Lichtquantentheorie die Hypothese aus, derzufolge alle materiellen Objekte zugleich über Wellen- und Korpuskeleigenschaften verfügen.[32]) Jeder Masse m schrieb er eine Schwingungsfrequenz ν und eine Wellenlänge λ zu, so daß sich auf der Grundlage der relativistischen Energie-Masse-Relation

$$\nu = \frac{mc^2}{h}; \qquad \lambda = \frac{h}{p} \tag{4}$$

ergaben.

Seitdem J. J. Thomson 1897 seine Untersuchungen über das Verhältnis von Masse und Ladung beim Elektron bekanntgegeben hatte, bestand für die Physiker kein Grund mehr, an der Korpuskelnatur des Elektrons zu zweifeln. Nach de Broglies Hypothese sollte dieses Teilchen nun auch Wellencharakter haben. Während Einsteins Arbeit über die Quantentheorie des Lichts nahezu 20 Jahre fast unbeachtet blieb, trafen de Broglies weiterführende und noch radikalere Gedanken relativ schnell auf das Interesse der Physiker. Bald schon war auch der Wellencharakter des Elektrons experimentell bestätigt.

Davisson, Germer, G. P. Thomson u. a. führten in den 20er Jahren Experimente durch, die keinen Zweifel am Welle-Teilchen-Dualismus des Elektrons ließen. Damit war man auf ein neues Phänomen gestoßen und hatte gute Gründe, den Welle-Teilchen-Dualismus als generelle Eigenschaft aller physikalischen Objekte anzusehen. Eine Alternativentscheidung „Welle oder Teilchen?“, wie sie dem Denken in metaphysischen Alternativen eigen war, wurde zunehmend schwerer, obgleich man noch zahlreiche Versuche in diese Richtung unternahm.

Heute erscheint de Broglies Hypothese vor allem als Versuch, die mechanistische atomistische Materieauffassung Descartes zugunsten einer harmonischen Synthese von mechanistisch gedeuteten Wellenvorstellungen mit den alten Korpuskelvorstellungen zu relativieren.[33]) Insofern ist diese Hypothese also zunächst ein entscheidender Beitrag zur Abrundung des Weltbildes der klassischen Physik, in der mit der Elektrodynamik die Unabhängigkeit des Wellenbildes von der Mechanik gezeigt werden konnte. Dabei wurde ein Beitrag zur Überwindung des scheinbar durch die klassische Physik nahegelegten metaphysischen Schemas scharfer Trennlinien und absoluter Gegensätze geleistet. Die metaphysische Entscheidung „Welle oder Teilchen?“ wurde hinfällig.

Damit wurde auch der Weg bereitet, den Rahmen des Weltbildes der klassischen Physik zu sprengen. Zunächst und vor allem ging es darum, physikalische Lösungen für die beim Ausbau der Bohr-Sommerfeldschen Atomtheorie auftauchenden Schwierigkeiten zu finden.

Dabei spielte das von Bohr erstmalig 1920 explizit formulierte Korrespondenzprinzip eine herausragende Rolle.[34]) Dieses Prinzip sollte den korrespondenzmäßigen Anschluß einer neuen, gesuchten Theorie an eine alte, bestens bewährte Theorie garantieren. Insofern ist es in philosophisch-weltanschaulicher Hinsicht eng an die dialektische Abbildtheorie der Erkenntnis und die Auffassung von der Dialektik absoluter und relativer Wahrheit bei der Erkenntnis der objektiven Wahrheit gebunden.

Bohr formulierte das Korrespondenzprinzip aber nicht

in erster Linie als philosophisch-weltanschauliches Prinzip sondern auf dieser Grundlage als heuristisches Prinzip der Methodologie der Forschung. Im Korrespondenzprinzip war BOHRS Überzeugung ausgedrückt, daß man sich bei der Suche nach der neuen Theorie von Analogien zur klassischen Mechanik leiten lassen kann. Wie diese Analogien konkret auszusehen haben, das unterlag dann der weiteren physikalischen Forschung.

Die klassische Mechanik wurde also erneut Orientierungspunkt der physikalischen Forschung, obgleich es gerade darum ging, eine Theorie zu finden, die geeignet war, im Bereich der Mikroobjekte die NEWTONsche Mechanik abzulösen. Auf einer ganz anderen Ebene war damit BOLTZMANNS methodische Vorsicht in der mit MACH um das physikalische Forschungsprogramm des mechanischen Materialismus geführten Auseinandersetzung gerechtfertigt. Es ging jetzt nicht mehr um die Beibehaltung der klassischen Mechanik, sondern um die richtige Orientierung für den weiteren Theorieentwicklungsprozeß.

BOHRS Prinzip erwies sich methodisch als außerordentlich fruchtbar, legte aber die weitere Entwicklung noch nicht eindeutig fest. Der Durchbruch auf der Suche nach dem richtigen Zugang zur Quantenmechanik gelang HEISENBERG über eine Verschärfung des BOHRschen Korrespondenzprinzips.

3. Herausbildung der Quantenmechanik

3.1. Matrizenmechanik

HEISENBERG — Student bei SOMMERFELD und BORN — gehörte zum Kreis junger und talentierter Physiker, die mit BOHR und BORN frühzeitig die Auffassung vertraten, man müsse nach einer neuen Mechanik suchen, welche im atomaren Bereich an die Stelle der klassischen NEWTONschen Mechanik treten könne und für die Makrophysik korrespondenzmäßig in diese übergehe.

Seit dem Sommersemester 1924 sprach man in Borns Seminar in Göttingen bereits von der neuen Quantenmechanik und diskutierte verschiedene Ansätze, die später wieder aufgegeben werden mußten. Ähnlich ging man im Kopenhagener Institut für theoretische Physik bei Bohr vor. Daraus mußten Spannungen zur Münchner Gruppe von Sommerfeld erwachsen, wo man bereits davon überzeugt war, die Umrisse der neuen Theorie zu besitzen.

In dieser Situation gab es kein eindeutiges Entscheidungskriterium, einen der beiden Wege zu bevorzugen. Aus heutiger Sicht waren beide für den Erkenntnisfortschritt in der Physik unumgänglich.

Sommerfelds Programm testete einen in sich widersprüchlichen Kompromiß zwischen der klassischen Physik und den Postulaten der Quantentheorie, der mit möglichst wenig Eingriffen in die klassische Physik auszukommen versuchte.[1]) Damals war es nicht auszuschließen, daß die Dialektik der Natur zu solchen in sich widersprüchlichen Theorien zwingt, obgleich die Orientierung allein auf diesen Weg falsch gewesen wäre.

Bohrs Programm war die Suche nach Alternativen zu den bekannten Theorien. Die neue Theorie sollte dabei die alte überwinden und zugleich bewahren.

Berücksichtigt man diese Widersprüchlichkeit zweier real existierender Forschungsprogramme zur Atomphysik gegen Mitte der 20er Jahre, läßt sich Heisenbergs Feststellung, daß man wissenschaftliche Revolutionen macht, indem man versucht so wenig wie möglich zu ändern,[2]) für sein eigenes Vorgehen in einer verallgemeinerungsfähigen Form relativieren. Heisenberg setzte dabei voraus, daß es ein Problem gibt, welches im traditionellen Rahmen nicht lösbar ist. Genau diese Voraussetzung läßt sich aber erst begründen, wenn man den traditionellen Rahmen bereits gesprengt hat und in einem neuen Rahmen die Grenzen des alten zu zeigen vermag.

Die Schule um Bohr und Born war davon überzeugt,

daß der Rahmen des SOMMERFELDschen Programms zur Atomphysik noch zu eng war. HEISENBERG steuerte bewußt eine wissenschaftliche Revolution an, indem er eine neue Theorie suchte. Auf diesem Wege wurde der physikalisch entscheidende Durchbruch eingeleitet. Bis heute lassen sich keine erkenntnistheoretisch-methodologischen Prinzipien auf der Grundlage des zu dieser Zeit bekannten physikalischen Materials aufstellen, aus denen eindeutig darauf geschlossen werden kann, daß der von ihm eingeschlagene Weg erfolgreich sein mußte. Die physikalisch damals ebenfalls berechtigt erscheinende SOMMERFELDsche Position war der andere Pol eines dialektischen Widerspruchs in der Theorieentwicklung, dessen Lösung zu einem entscheidenden Erkenntnisfortschritt geführt hat. Dabei stellte sich heraus, daß das BOHRsche Programm tragfähiger als das SOMMERFELDsche war. SOMMERFELDS Ergebnisse wurden aber nach Lösung dieses Widerspruchs nicht überflüssig. Sie blieben zum großen Teil als phänomenologisch formulierte Beziehungen bestehen und wurden auf der Basis der neuen Quantenmechanik theoretisch begründet. Wie aber kam es zu diesem Durchbruch?

HEISENBERG gewann die Überzeugung, daß man eigentlich nicht nach den Bahnen von Elektronen im Atom fragen dürfe.[3]) Unzweifelhaft meßbar sind die Differenzen der einzelnen Schwingungsfrequenzen und die Intensität der Linien atomarer Spektren. Daraus ergab sich die Frage, ob diese Größen nicht genügen, um eine neue in sich konsistente Theorie zu begründen. HEISENBERGS Versuch, das Wasserstoffatom zu berechnen, scheiterte zunächst noch an der Kompliziertheit dieses einfachen Atoms. Er wandte sich deshalb von realen Atomen ab und versuchte die Grundlagen der neuen Theorie für mathematisch einfachere Modelle (harmonischer und anharmonischer Oszillator) zu entwerfen.

Sein Programm bestand darin, „eine der klassischen Mechanik analoge quantentheoretische Mechanik auszubilden, in welcher nur Beziehungen zwischen beobachtbaren Größen vorkommen."[4]) Ausgehend von den BOHRschen Frequenzbedingungen und der KRAMERSschen Dispersionstheorie schlug er eine quantentheoretische Umdeutung der klassischen Größen vor, die sich als tragfähige Grundlage der Quantenmechanik erweisen sollte.

In den 1969 erschienenen HEISENBERGschen Erinnerungen über diesen Erfolg stößt man auf die Formulierung von der „Fülle von mathematischen Strukturen ..., die die Natur dort unten vor mir ausgebreitet hatte".[5]) In diesem Zusammenhang vermag kein Zweifel aufzukommen, daß die neue Theorie dabei als Abbildung objektiver Naturgesetze aufgefaßt ist — ein materialistischer Gedanke. Liest man hingegen frühere Arbeiten HEISENBERGS, stößt man im Anschluß an die Forderung, nur Beziehungen zwischen beobachtbaren Größen in die Theorie aufzunehmen, nicht selten auf idealistische Positionen, die auch von empirisch orientierten neopositivistischen Schulphilosophen vertreten wurden.[6])

Daraus ergibt sich die Frage, ob HEISENBERGS erfolgreiches Vorgehen eine Bestätigung neopositivistischer Methodologie in ihrer empiristischen Version darstellt. Seine Forderung erinnert tatsächlich an das Programm einiger Vertreter des logischen Positivismus im „Wiener Kreis". Im Anschluß an die vermeintlich eindeutige Trennung von „theoretischer Sprache" und „Beobachtungssprache" suchte man dort vergeblich nach den „rein empirischen Aussagen", die die Basis für die Verifikation wissenschaftlicher Theorien abgeben sollten.

Sicher war HEISENBERG ebenso wie die Theoretiker des „Wiener Kreises" von MACHS Empirismus beeinflußt.[7]) Er war aber viel zu sehr Platoniker, um bei empiristischen Positionen stehenzubleiben. Noch viel weniger konnte er deshalb jenen empiristisch begründeten Versuch dieses Kreises und seiner neopositivistischen Nachfolger billigen, philosophisch-weltanschauliche Probleme als „Scheinprobleme" zu umgehen.

HEISENBERGS Forderung, nur Beziehungen zwischen beobachtbaren Größen in einer Theorie zuzulassen, waren wesentlich bescheidener als die Erwartungen des logischen Neopositivismus. Er meinte damit dem Verfahren EINSTEINS zu folgen, das zur Aufstellung der Relativitätstheorie geführt hatte. Um so verblüffter mußte er sein, als er ausgerechnet von EINSTEIN selbst hören sollte, daß man in eine physikalische Theorie doch wohl nicht nur beobachtbare Größen aufnehmen könne.[8])

EINSTEIN betonte, daß es heuristisch von Wert sein mag, sich daran zu erinnern, was man tatsächlich beobachtet. Es sei aber völlig falsch, eine Theorie nur auf beobachtbare Größen gründen zu wollen: „Erst die Theorie entscheidet darüber, was man beobachten kann."[9])

Im Gespräch, das sich an HEISENBERGS ersten Berliner Vortrag über die neue Quantenmechanik anschloß, führte EINSTEIN damals aus, daß man in der experimentellen Forschung von der Gültigkeit der Naturgesetze ausgeht. Wenn bisher unbekannte Naturgesetze erforscht werden sollen, muß man voraussetzen, daß die bisher bekannten auf dem Weg vom zu beobachtenden Vorgang bis zur registrierten Sinneswahrnehmung so funktionieren, daß man sicher sein darf, von tatsächlichen Beobachtungen reden zu können und keinen Sinnestäuschungen zu unterliegen.

Damit war genau die erkenntnistheoretische Situation bei der Schaffung der Quantenmechanik umrissen. Man suchte nach Gesetzen der Mikrowelt. Das empirische Datenmaterial waren die mit physikalischen Geräten registrierten makrophysikalischen Wirkungen mikrophysikalischer Erscheinungen. Um die mit diesen Geräten registrierten Daten als relevante Beobachtungsdaten ansehen zu können, mußte die Gültigkeit der Gesetze der klassischen Physik vorausgesetzt werden. Gerade diese Gesetze sollten aber von den zu findenden Gesetzen der Quantenphysik in ihrem Gültigkeitsbereich eingeschränkt werden. EINSTEINS Einwand gegen HEI-

SENBERGS Forderung, nur Beziehungen zwischen beobachtbaren Größen in die Theorie aufzunehmen, bestand also darin, daß ohne die neue Theorie noch gar nicht entschieden werden konnte, was man eigentlich beobachten, und ohne die Beobachtung auf der Grundlage der klassischen Theorie nicht gesagt werden konnte, wovon die neue Theorie eigentlich ausgehen soll.

HEISENBERG suchte nach einer Theorie, die die Stabilität der Atome und deren Strahlungsspektren erklären sollte. Deshalb war seine Feststellung berechtigt, daß die Bahn von Elektronen im Atom nicht beobachtet wird. Hätte er dagegen eine Mechanik für die Bewegung von Mikroteilchen gesucht, wäre es durchaus legitim gewesen, von der Bewegung freier Elektronen auszugehen. Dafür hätten sich die Spuren von Elektronen in der Nebelkammer angeboten. Es wäre zunächst überhaupt nicht einzusehen gewesen, daß diese Bahnen von denen der Makroobjekte verschieden sein sollten. Es hätte also scheinbar keinen Grund gegeben, die Mechanik zu ändern. SOMMERFELDS Programm hätte man dem BOHRschen vorziehen müssen.

Was HEISENBERG mit seiner Forderung formulierte, nur Beziehungen zwischen beobachtbaren Größen in der Theorie zuzulassen, ist also nicht mit dem Programm des logischen Neopositivismus zu verwechseln, „rein empirische Aussagen“ als Basis jeder verifizierbaren naturwissenschaftlichen Theorie aufzufinden. Während der logische Neopositivismus von einer metaphysischen Trennung der Theorie und der experimentellen Beobachtung ausging, gehörte bei HEISENBERG der dialektische Zusammenschluß beider Pole des naturwissenschaftlichen Erkenntnisprozesses zu den konstituierenden Elementen der Theoriebildung. Diesen Sachverhalt in HEISENBERGS erkenntnistheoretischen und methodologischen Reflexionen bewußt gemacht zu haben, ist vor allem EINSTEINS Verdienst.

HEISENBERGS „quantentheoretische Umdeutung kinematischer und mechanischer Beziehungen“ markierte den erfolgreichen Ausgangspunkt zur neuen Mechanik. Seine im September 1925 veröffentlichte Arbeit stieß auf das lebhafte Interesse der führenden Theoretiker im Bereich der Atomphysik. BOHR, BORN, PAULI u. a. waren spontan davon überzeugt, damit einen entscheidenden neuen Schritt auf dem Wege zur Quantenmechanik getan zu haben. Es gab aber ebenso wie bei vorangegangenen Versuchen anderer Autoren nicht die Gewißheit, ob der gewählte konkrete Ansatz die anstehenden Probleme lösen konnte oder ob er sich nicht wieder als eine der letztlich unbrauchbaren theoretischen Spekulationen herausstellen würde. HEISENBERG selbst war zwar vom negativen, kritischen Teil seiner Arbeit fest überzeugt, hielt aber den positiven noch „für reichlich formal und dürftig".[10])

Er hatte erkannt, welche Größen in die von ihm gesuchte Theorie nicht einzugehen haben. Elektronenbahnen im Atom, Umlauffrequenzen u. ä. Begriffe erschienen ihm in der Atomphysik analog zu den im 17. Jahrhundert vieldiskutierten und schließlich aus der Physik verbannten „verborgenen Qualitäten". HEISENBERG hatte aber den physikalischen Sinn der von ihm formulierten quantenmechanischen Größen und der für diese neuen Größen charakteristischen Rechenregeln noch nicht erfaßt, vermochte mit der Theorie noch kein reales System (etwa das Wasserstoffatom) zu berechnen und sah nicht einmal, wie der von ihm geschaffene Formalismus auch so einfache Phänomene abzubilden vermochte, wie die empirisch leicht zu konstatierenden Bahnen von Elektronen in der WILSONschen Nebelkammer. Die im Brief an PAULI zum Ausdruck gebrachte Vorsicht war also objektiv begründet, obgleich er subjektiv von der Richtigkeit seines Ansatzes überzeugt blieb.[11])

Zwar knüpften spätere Diskussionen der erkenntnistheoretischen Probleme der Quantenmechanik immer wieder an dem von HEISENBERG formulierten und mit Erfolg benutzten Entscheidungskriterium für die Auswahl theoretisch relevanter Größen an; die tiefgehende Analyse dieses methodologischen Prinzips durch Einstein blieb aber lange Zeit die Ausnahme. Zunächst mußte der von Heisenberg im Ansatz formulierte Formalismus erst voll entfaltet werden. Erst dann konnte man sich intensiv um seine erkenntnistheoretischen Implikationen und Voraussetzungen bemühen.

Zunächst ging es um die Deutung der von Heisenberg formal eingeführten Größen (Born erkannte sie als Matrizen) und die dafür geltenden Rechenregeln. Im Sommer 1925 entstand in Zusammenarbeit von Born, Heisenberg (damals Kopenhagen) und Jordan innerhalb weniger Wochen ein erster quantenmechanischer Formalismus.

Symbolisierte man die von Heisenberg über das von ihm verschärfte Korrespondenzprinzip eingeführten Matrizen für den Impuls und die Koordinate mit p und q, so ergab sich die Vertauschungsrelation

$$pq - qp = \frac{\hbar}{i}, \tag{5}$$

welche in der klassischen Mechanik unbekannt war. Damit hatte man einen fundamentalen Unterschied zur klassischen Physik herausgearbeitet und war zugleich auf den korrespondenzmäßigen Anschluß der neuen Theorie an die alte gestoßen. Wenn man $\hbar$ als vernachlässigbar kleine Größe ansehen konnte, gab es auf der Grundlage von (5) für die quantenmechanischen Größen keinen Unterschied mehr zu den p und q der klassischen Mechanik.

Der neue mathematische Formalismus war in sich konsistent und konnte widerspruchsfrei auf einfache atomphysikalische Erscheinungen angewandt werden. Pauli gelang es, das Wasserstoffatom zu berechnen, nachdem Born und Jordan gezeigt hatten, daß die Heisenbergschen Quantenbedingungen den Energieerhaltungssatz liefern und die Bohrschen Frequenzbedingungen aus den quantenmechanischen Gleichungen folgen. Die Bewegungsgleichungen ergaben sich als

$$\dot{p} = -\frac{\partial H}{\partial q}; \qquad \dot{q} = \frac{\partial H}{\partial p}. \tag{6}$$

Damit galten also die aus der klassischen Mechanik bekannten HAMILTONschen Gleichungen auch für die entsprechenden quantenmechanischen Größen.

Der Durchbruch war erzielt. Es lag ein erfolgversprechender Versuch vor, „den neuen Tatsachen — statt durch mehr oder weniger künstliche und gezwungene Anpassung der alten gewohnten Begriffe — durch die Schaffung eines neuen, wirklich angemessenen Begriffssystems gerecht zu werden."[12]) Es gab den mathematischen Formalismus zu einer neuen Mechanik, die Matrizenform der Quantenmechanik, von BORN und JORDAN als „wahre Diskontinuumstheorie"[13]) bezeichnet.

Die physikalische Interpretation dieses Formalismus war allerdings nach wie vor noch unbefriedigend. Man konnte damit die energetischen Niveaus stationärer Zustände berechnen und hatte auch Gleichungen für die Zustandsänderungen gefunden. Über die Beziehungen der neuen Mechanik zur klassischen Mechanik wußte man aber im Prinzip nicht mehr als mit dem verschärften Korrespondenzprinzip bereits ausgesagt war. Man kannte die Regeln, nach denen die quantentheoretische Umdeutung klassischer Größen vorzunehmen war, hatte aber für diese Regeln keine andere Rechtfertigung als den Erfolg der mit ihrer Hilfe ausgeführten Berechnungen im Rahmen des neuen Formalismus.

BORN sprach wenige Tage, nachdem er HEISENBERGS erste Arbeit gesehen hatte, davon, daß sie sehr mystisch aussehe, aber sicher richtig und tief sei.[14]) Mit der Vollendung des Formalismus der Matrizenmechanik hatte sich daran noch nicht viel geändert.

Nachdem DIRAC mit HEISENBERGS erster Arbeit von 1925 bekannt geworden war, gelang auch ihm die Entwicklung eines mathematischen Formalismus der Quantenmechanik. Es handelt sich dabei um eine von der Göttinger Matrizenmechanik unterschiedene Darstellung dieser Theorie, die für die Formulierung ihrer allgemeinsten Darstellung von großer Bedeutung wurde. Born und Wiener gingen 1925/1926 dazu über, die Heisenbergschen Matrizen durch lineare Operatoren zu ersetzen, und kamen damit der allgemeinsten Darstellung (Hilbert-Raum) der Quantenmechanik näher.

Zweifelsohne haben in der Phase der Entfaltung des quantenmechanischen Formalismus philosophische Überlegungen auch eine Rolle gespielt. Sie waren aber bei der Suche nach der endgültigen Darstellung der neuen Ideen nicht von ausschlaggebender Bedeutung. Die entsprechenden physikalischen Arbeiten und auch die Mehrzahl der veröffentlichten persönlichen Erinnerungen lassen daher nur noch schwer Rückschlüsse auf die tatsächlichen Überlegungen der Akteure zu. Die Weichen zur weiteren physikalischen Arbeit waren mit Heisenbergs erster quantenmechanischer Arbeit gestellt. Der darin enthaltene philosophische Hintergrund wurde erst dann wieder kritisch hinterfragt, als man auf die gravierenden Konsequenzen dieses Ansatzes stieß und die Distanz dieser Konsequenzen zur klassischen Physik deutlich sah.

3.2. Wellenmechanik

Schrödinger ging ebenso wie Lanczos[15]) davon aus, daß die Quantenmechanik als eine Theorie aufzubauen sei, die sich des aus der klassischen Physik bekannten Apparates der Funktionsanalysis zu bedienen habe. Nachdem er zunächst Probleme mit der relativistischen Formulierung einer quantenmechanischen Bewegungsgleichung hatte, gelang ihm kurz nach dem Erscheinen der Göttinger Arbeiten zur Matrizenmechanik der Durchbruch auf einem anderen Weg, als ihn HEISENBERG eingeschlagen hatte.[16])

Auch SCHRÖDINGER wandte sich dabei offenen Problemen des BOHR-SOMMERFELDschen Atommodells zu. Bekanntlich waren die eingeführten Quantenbedingungen, die die Mannigfaltigkeit klassisch-mechanischer Elektronenbahnen auf das ganzzahlige Vielfache der entsprechenden Wirkungsintegrale einschränkten, in der klassischen Physik völlig unbekannt und hatten zu den bereits erwähnten Widersprüchlichkeiten innerhalb dieses Atommodells geführt. Damit wollte sich SCHRÖDINGER nicht abfinden. Ausgehend von DE BROGLIES Hypothese vom Welle-Teilchen-Dualismus konnte er bald die fundamentale quantenmechanische Bewegungsgleichung angeben, die in einer allgemeineren als der von ihm anfangs benutzten Schreibweise die Form hat

$$i\hbar \frac{\partial \psi}{\partial t} = \hat{H} \psi, \tag{7}$$

wobei ψ die Wellenfunktion und $\hat{H}$ den HAMILTON-Operator des Systems darstellen.

Die von BOHR phänomenologisch eingeführten Quantenzahlen ergaben sich für SCHRÖDINGER zwanglos als Lösungen entsprechender Eigenwertprobleme für den stationären Fall. Gleichung (7) bildet zusammen mit den mathematischen Forderungen an die ψ-Funktion den Schlüssel zur Lösung zahlreicher quantenmechanischer Probleme. Da auch eine relativistische Fassung der SCHRÖDINGER-Gleichung ohne weiteres möglich und bereits in der Formulierung (7) unter der Voraussetzung enthalten ist, daß man H als entsprechenden Operator deutet, sind damit die entscheidenden Probleme der Atomphysik, einschließlich der physikalischen Theorie chemischer Bindungen, zu lösen.

Der von SCHRÖDINGER benutzte mathematische Apparat war den Physikern leichter zugänglich und eignete sich für die Lösung zahlreicher wichtiger Aufgaben besser als der von HEISENBERG und BORN eingeführte. Auf der Grundlage der relativistischen Formulierung von Gleichung (7) ergaben sich Möglichkeiten für den Aufbau relativistischer Quantenfeldtheorien (KLEIN-GORDON, bzw. DIRAC-Gleichung u. a.). Dabei traten neben zahlreichen mathematischen Schwierigkeiten neue philosophische Fragestellungen auf. Im weiteren sollen aber die mit der relativistischen Verallgemeinerung der Quantenmechanik zusammenhängenden spezifischen Fragen ausgespart bleiben. Die Untersuchungen bleiben auf die philosophischen Fragen der nichtrelativistischen Quantenmechanik beschränkt.

Für den von SCHRÖDINGER gewählten Zugang zur Quantenmechanik war eine andere erkenntnistheoretisch-methodologische Position von Bedeutung als bei HEISENBERG. SCHRÖDINGER stand der SOMMERFELDschen Orientierung zum Ausbau der Atomphysik näher als der BOHRS und BORNS.

Der in der klassischen Physik groß gewordene Wiener Theoretiker strebte nach größtmöglicher Klarheit in den Grundlagen der Atomtheorie. Dazu gehörte für ihn, die Widersprüche zwischen den Quantenbedingungen und den klassisch-physikalischen Vorstellungen zu überwinden. Die Quantenbedingungen mußten sich aus den übrigen physikalischen Theorien herleiten lassen. SCHRÖDINGER suchte nicht in erster Linie nach einer neuen Mechanik, sondern wollte im Rahmen der bisherigen Physik jene Bedingungen begründen, die so gar nicht in das von ihr gezeichnete harmonische Weltbild paßten.

Einem kurz vor der Beschäftigung mit der Wellenmechanik entstandenen Aufsatz ist zu entnehmen, daß er damals bereits die positivistisch-empiristische Orientierung MACHscher Wissenschaftsphilosophie schroff ablehnte.[17]) Er anerkannte (im Unterschied zu MACH), daß naturwissenschaftliche Forschung sich nicht vollständig aus der philosophisch-weltanschaulichen Orientierung zu lösen vermag. Dabei mußte aber verhindert werden, verhängnisvolle Desorientierungen auf der Grundlage ungenügend geprüfter philosophischer Überlegungen in die Theorienentwicklung der Physik hineinzutragen. In klarer Konfrontation zu MACH sprach er von der schwierigen Aufgabe, trotz KANT die Philosophie „als unentbehrliche Stärke unserer allgemeinen und unserer Einzelerkenntnis beizubehalten.“[18])

Dafür mußte aber noch eine umfangreiche Arbeit geleistet werden, die von der problemorientierten Analyse der Philosophiegeschichte[19]) bis zur konstruktiven Bewältigung der mit der Physikentwicklung des 20. Jahrhunderts aufgeworfenen philosophischen Fragen reicht. Überblickt man die Gesamtheit von SCHRÖDLINGERS philosophischen Arbeiten, ist unverkennbar, daß seine für die Physik relevanten Überlegungen oftmals materialistisch orientiert waren, aber gleichzeitig zum großen Teil in den mechanistischen Vereinfachungen aus der Zeit der Vorherrschaft des physikalischen Forschungsprogramms des mechanischen Materialismus steckenblieben. Ähnlich PLANCK verdankte er in philosophischen Fragen der Physik vieles dem Wirken seines Landsmannes BOLTZMANN, hatte aber auch MACH gründlich studiert. Die philosophischen und physikalischen Gedanken BOLTZMANNS wurden SCHRÖDINGER vor allem durch HASENÖHRL und EXNER direkt an der Stätte dessen langjährigen Wirkens (Wien) vermittelt.

Auf diesen Hintergrund muß man auch SCHRÖDINGERS Bemühungen sehen, die mit der BOHRschen Atomtheorie aufgeworfenen Probleme zu lösen. SCHRÖDINGER ging von traditionellen Betrachtungen über den Zusammenhang von Wellen und Korpuskeln aus. Real existierende Objekte konnten in der klassischen Physik entweder Wellen oder Korpuskeln sein. Man hatte im Einzelfall zu entscheiden, wobei diese Entscheidung aber immer eindeutig sein mußte.

DE BROGLIE erschienen die Beziehungen der entstehenden Quantenmechanik zur klassischen Mechanik noch ausschließlich als Analogon der Beziehungen von Wellenoptik und geometrischer Optik. Er setzte seine

Hoffnungen auf eine „anschauliche physikalische Erklärung“ atomarer Phänomene und meinte damit nichts anderes als klassisch mechanisch verständlich. Diese Hoffnungen aber haben sich nicht erfüllt.

Schrödinger ging konsequent von den angeführten Analogiebetrachtungen aus. Die quantenmechanische Bewegungsgleichung wurde für eine Größe formuliert, deren Charakter sich nicht von den bisher in der Physik üblichen Größen unterscheiden sollte. Es war zunächst die Rede von „ψ-Schwingungen“, was den Gedanken nahelegte, daß ψ unmittelbar meßbar sei (Schwingungsamplitude im dreidimensionalen Raum).

In der „Vierten Mitteilung“ seiner grundlegenden Arbeit nahm Schrödinger eine Umdeutung dieser Größe vor, die aber deren Charakter nicht prinzipiell veränderte. ψ wurde nun als Gewichtsfunktion im Konfigurationsraum interpretiert; die wellenmechanische Konfiguration eines Systems wurde als Superposition aller kinematisch möglichen punktmechanischen Konfigurationen dargestellt. Mit dieser Größe sollten die elektrodynamisch wirksamen Fluktuationen der elektrischen Ladungsdichte von Teilchen im Raum erfaßt werden. ψ war also immer noch eine unmittelbar meßbare Größe, die mit den Mitteln der klassischen Physik anschaulich verständlich blieb.

Schrödingers Interpretation des neuen Apparates setzte voraus, daß das Wellenpaket für freie Teilchen stabil bleibt. Nur so konnte die Stabilität der entsprechenden Objekte garantiert werden. In Übereinstimmung mit der Schrödinger-Gleichung (7) aber zerfloß jedes Wellenpaket mit der Zeit, das Teilchen hätte also dann über den Raum verteilt sein müssen.

Das widersprach allen experimentell gesicherten Erfahrungen. Elektronen kommen in der Natur als stabile Teilchen vor. Nachdem der Atomismus in der Physik seit mehr als zwei Jahrzehnten ständig neue Triumphe gefeiert hatte, hätte man plötzlich zu den Positionen Machs zurückkehren sollen, für den die Existenz elementarer Objekte eine völlig unbegründete, also spekulative Ergänzung makrophysikalischer Erfahrungen war. In Übereinstimmung mit SCHRÖDINGERS zerfließenden Wellenpaketen hätte es im nichtrelativistischen Bereich keinerlei stabile Elementarobjekte geben können. Jedes irgendwann einmal existierende Teilchen hätte zerfließen müssen. Das war ein schwerwiegender Defekt einer Theorie, die sich bereits bei der Lösung zahlreicher Quantenprobleme bestens bewährt hatte.

SCHRÖDINGERS insgesamt außerordentlich beeindrukkender Ansatz ließ bei zahlreichen Physikern, die HEISENBERGS Versuchen relativ skeptisch gegenüberstanden, die Hoffnung aufkeimen, daß nun der Weg zu einer konsistenten Quantentheorie frei sei, welche kontinuierlich an die klassische Physik angeschlossen ist. Es schien jetzt so, als ob man auch ohne radikale Veränderungen im Theoriengebäude der Physik die für die Quantenphänomene charakteristischen Diskontinuitäten zwanglos erklären konnte. Nachdem die entsprechende Bewegungsgleichung bekannt war und eine Reihe von Eigenschaften der ψ-Funktion postuliert waren, ergaben sich die für die klassische Physik so unverständlichen Quantenzahlen unmittelbar aus dem neuen Formalismus. An den für die klassische Physik charakteristischen Kontinuitätsvorstellungen und der daran geknüpften philosophischen Verallgemeinerung konnte also festgehalten werden, ohne die Quantenbedingungen aufgeben zu müssen.

EINSTEIN hatte bereits 1920 die Lösung des Quantenrätsels in dieser Richtung gesucht. Im Brief an BORN schrieb er 1920: „Daran, daß man die Quanten lösen müsse durch Aufgaben des Kontinuums, glaube ich nicht ... Ich glaube nach wie vor, man muß eine solche Übereinstimmung durch Differentialgleichungen suchen, daß die *Lösungen* nicht mehr Kontinuumscharakter haben. Aber wie“?[20]) Nun hatte SCHRÖDINGER gezeigt, wie dies zu machen sei. EINSTEIN war es 1920 und danach nicht gelungen, seiner „Lieblingsidee, die Quantenstruktur aus einer Übereinstimmung durch Differentialgleichungen zu verstehen, greifbare Gestalt zu geben.“[21])

In SCHRÖDINGERS Theorie wurden zugleich die Bedingungen für den korrespondenzmäßigen Übergang von den diskontinuierlichen quantentheoretischen Größen zu den kontinuierlichen Größen der klassischen Physik deutlich. Die Quantenmechanik erschien somit als problemloser Anschluß an die klassische Mechanik, während HEISENBERG einen Bruch mit der klassischen Physik vollzogen hatte, indem er diskontinuierliche Größen zum Ausgangspunkt seines theoretischen Ansatzes machte. Dieser von vielen Physikern damals als formal empfundenen Theorie, einer daher reichlich zweifelhaften *revolutionären* Neuerung, stand nun mit SCHRÖDINGERS Ansatz eine erfolgversprechende, scheinbar *evolutionäre* Fortführung der klassischen Physik gegenüber.

Dementsprechend waren auch die Reaktionen der nicht unmittelbar an der Entwicklung der Matrizenmechanik beteiligten Physiker. SCHRÖDINGER konnte sich darauf berufen, daß HAMILTON seine allgemeine Formulierung der mechanischen Bewegungsgleichungen ausgehend von wellenoptischen Untersuchungen formuliert hatte. Es lag daher nahe, die neue Mechanik auch an wellentheoretische Vorstellungen anzuschließen. HEISENBERG hatte die Überzeugung, daß eine prinzipiell neue Mechanik für die Erklärung atomarer Vorgänge erforderlich sei, zu der extremen Ansicht gebracht, die neue Theorie müsse und dürfe nicht mehr durch mechanistische Modellvorstellungen verdeutlicht werden. Deshalb hielt er zunächst von SCHRÖDINGERS an den Anschaulichkeitsvorstellungen der klassischen Physik geprägten Arbeiten überhaupt nichts und zürnte jedem, der sich SCHRÖDINGERS Formalismus zuwandte. Besonders enttäuscht war er von der anhaltenden Vorliebe SOMMERFELDS für den SCHRÖDINGER-Formalismus.

SCHRÖDINGER machte, solange die Interpretationsprobleme mit seinen zerfließenden Wellenpaketen noch nicht diskutiert wurden, nachdrücklich auf die Unterschiede des wellenmechanischen Formalismus zu dem der Matrizenmechanik aufmerksam. Selbst als die Schwierigkeiten seiner Interpretation unverkennbar waren, hielt er im wesentlichen an der Kritik des HEISENBERGschen Vorgehens fest.

Im Gegensatz zu HEISENBERGS Begründungen für das Ausschalten solcher Begriffe wie „Elektronenort" und „Elektronenbahn" aus der Atommechanik folgte für SCHRÖDINGER deren Sinnlosigkeit unmittelbar aus dem neuen physikalischen Ansatz. Unter Berufung darauf, daß es schließlich auch sinnlos sei, im Bereich einer Beugungserscheinung den Verlauf der Lichtstrahlen aufzuspüren, erklärte er, warum der Begriffsapparat der neuen Mechanik von dem der klassischen Korpuskelmechanik abweichen müsse. Er übte heftige Kritik an den seit 1926 von BOHR, BORN, HEISENBERG, JORDAN und DIRAC geäußerten Vermutungen, daß sich das Geschehen im Atom möglicherweise „der räumlich-zeitlichen Form des Denkens" nicht werde eingliedern lassen.[22])

Er schrieb damals, daß dies „einer vollständigen Waffenstreckung" gleichkäme. SCHRÖDINGER ging davon aus, daß die Denkformen durch den Menschen nicht verändert werden können. Für ihn stand fest: „was wir innerhalb derselben nicht verstehen können, das können wir überhaupt nicht verstehen."[23]) Zwar gebe es solche Dinge; er glaube aber nicht, daß die Atomstruktur zu ihnen gehöre. Festhalten an den in der klassischen Physik entstandenen Traditionen physikalischen Denkens oder Agnostizismus sogar innerhalb des Objektbereiches der Physik war die von SCHRÖDINGER formulierte metaphysische Alternative. Er entschied sich gegen Agnostizismus *in* der Physik.

Nach Bekanntwerden des neuen quantenmechanischen Formalismus (1926) hegte kaum ein Physiker Zweifel, daß nun zwei einander ausschließende Ansätze zur Quantenmechanik vorlagen und es darauf ankäme, zu entscheiden, welcher von beiden der richtige sei bzw. ob man sich überhaupt schon auf dem richtigen Weg zur neuen Theorie befände. Diese Entscheidung für den einen oder anderen physikalischen Ansatz schien zudem noch an grundlegende philosophisch-weltanschauliche Entscheidungen gebunden zu sein.

Faktisch aber gab es keine Meinungsverschiedenheiten in der Frage der Erkennbarkeit mikrophysikalischer Phänomene zwischen den an dieser Entwicklung beteiligten Physikern. Erkenntnisoptimismus sprach sowohl aus der ersten quantenmechanischen Arbeit von HEISENBERG und allen diesem Ansatz folgenden weiterführenden Untersuchungen wie auch aus den Arbeiten von SCHRÖDINGER. Während die Schulen um BOHR und BORN grundsätzliche Veränderungen im bisherigen Theoriengebäude der Physik für erforderlich hielten und nach minimalsten Eingriffen strebten, waren DE BROGLIE, SCHRÖDINGER, EINSTEIN, v. LAUE u. a. davon ausgegangen, Quantenphänomene im Rahmen bisheriger Denktraditionen verstehen zu müssen. Eine eindeutige Entscheidung zwischen den vorgelegten zwei, scheinbar radikal unterschiedenen Ansätzen zur Quantenmechanik mußte Auskunft geben, ob eine raum-zeitliche Beschreibung inneratomarer Phänomene möglich sei.

Zu aller Erstaunen konnten aber sowohl SCHRÖDINGER als auch von ihm unabhängig PAULI sehr bald nachweisen, daß die beiden Formalismen lediglich unterschiedliche Darstellungen *einer* physikalischen Theorie seien. Dieser mathematische Beweis mußte auch neues Licht auf die von beiden Formalismen implizierten philosophischen Fragestellungen werfen. Bei Gleichwertigkeit der mathematischen Formalismen war es mindestens fragwürdig, warum sich die philosophischen Implikationen derart prinzipiell unterscheiden sollten.

In jener Arbeit, die den Beweis der mathematischen Äquivalenz der Matrizen- und der Wellenmechanik enthält, hatte SCHRÖDINGER angemerkt, daß er sowohl durch die komplizierte Mathematik als auch die mangelnde

Anschaulichkeit von Heisenbergs Arbeit ursprünglich abgeschreckt worden war. Diese Haltung hätte nach dem Äquivalenzbeweis überprüft werden müssen. Schrödinger wollte sich jedoch nicht vorbehaltlos der Auffassung anschließen, „welche ganz im Sinne von Kirchhoff und Mach die Aufgabe der physikalischen Theorie lediglich in einer möglichst *sparsamen* mathematischen Beschreibung der empirischen Zusammenhänge zwischen beobachtbaren Größen" erblickt.[24]) Deshalb wandte er sich gegen Versuche, aus erkenntnistheoretischen Gründen in der Atomdynamik die Anschaulichkeit zu unterdrücken und nur mit abstrakten Begriffen wie Übergangswahrscheinlichkeiten, Energieniveaus u. dgl. zu operieren. Für ihn blieb die Mikromechanik „eine Verfeinerung der Makromechanik ..., welche durch die geometrisch-mechanische Kleinheit der Objekte notwendig gemacht wird."[25])

Bei aller Distanz zu Machs erkenntnistheoretischen Positionen war diese Feststellung aber ganz im Sinne des empiristisch begründeten Machschen Prinzips der Kontinuität bei der Ausfüllung von Erfahrungslücken, während Heisenbergs Vorgehen klar gegen dieses Machsche Prinzip verstieß.

Mit dem Beweis der mathematischen Äquivalenz zweier quantenmechanischer Formalismen war zwar eine überraschende Wende in der Entwicklung der Quantenmechanik eingetreten, die Auseinandersetzungen um die erkenntnistheoretischen Fragen konnten aber damit nicht entschieden werden.

Im physikalischen Verständnis der neuen Theorie stand man erst am Anfang. Ein wichtiger Schritt vorwärts war Borns statistische Interpretation der Schrödingerschen Wellenfunktion. Damit wurden jedoch auch die philosophisch-weltanschaulichen Auseinandersetzungen um das Verständnis der neuen physikalischen Theorie verschärft.

3.3. Statistische Interpretation der ψ-Funktion

Nach SCHRÖDINGERS Äquivalenzbeweis für die beiden unabhängig voneinander entstandenen Darstellungen der Quantenmechanik war eigentlich auch für die engagierten Göttinger und Kopenhagener Physiker nicht mehr an der Berechtigung der Wellenmechanik zu zweifeln. Was aber bedeutete die ψ-Funktion? An SCHRÖDINGERS Interpretation mußte gezweifelt werden. Wie sollte man jedoch dann diese bislang unbekannte Größe deuten?

Die Matrizenmechanik ging davon aus, daß eine Darstellung inneratomarer Prozesse in Raum und Zeit unmöglich ist und die neuen quantenmechanischen Beziehungen zwischen beobachtbaren Größen lediglich im klassischen Grenzfall als Eigenschaften mechanischer Bewegungen deutbar waren. Konnte man sich damit begnügen? Was bedeutete es, daß die physikalischen Größen Matrizen bzw. Operatoren geworden waren?

BORN beschäftigte sich, nachdem der quantenmechanische Formalismus ausgearbeitet und erste Anwendungen erfolgreich verlaufen waren, mit Stoßprozessen. Das entsprach dem von BOHR gewiesenen Weg zum tieferen Verständnis der quantentheoretisch zu erfassenden Übergänge aus einem stationären Zustand in einen anderen. Diese für Emission und Absorption von Licht verantwortlichen Prozesse mußten verstanden werden, wenn man den physikalischen Gehalt der neuen Theorie besser als bisher erfassen wollte. Dafür war SCHRÖDINGERS Theorie am besten geeignet. BORN sah in ihr damals — sehr zum Ärger von HEISENBERG — „die tiefste Fassung der Quantengesetze“.[26])

BORNS Arbeiten über Stoßprozesse enthalten den entwicklungsfähigen Kern moderner Stoßtheorien, die für das immer tiefere Eindringen in die physikalische Struktur der Materie unerläßlich sind. Diese Arbeiten haben aber auch zu jener Interpretation der ψ-Funktion geführt, die trotz zahlreicher Einwände nach wie vor noch die alleinige Grundlage zur experimentellen Überprüfung quantenmechanischer Resultate darstellt.

In seinem Nobel-Vortrag hat BORN darauf verwiesen, daß ihm der hohe Preis des Jahres 1954 nicht für eine Entdeckung neuer Naturerscheinungen zugesprochen wurde, sondern für „die Begründung einer neuen Art, über Naturerscheinungen zu denken.“[27])

Ausgangspunkt der revolutionären Neuerung bei der Interpretation einer physikalischen Größe waren Vorstellungen, die den Physikern aus der statistischen Physik längst geläufig waren. Die statistische Physik hatte nicht zuletzt durch die quantentheoretische Neufassung einer Reihe ihrer traditionellen Probleme noch vor der endgültigen Formulierung der Quantenmechanik ein beträchtliches Entwicklungsniveau erfahren. In der Quantenstatistik wurden seit PLANCKS Theorie der Hohlraumstrahlung und EINSTEINS Theorie der spezifischen Wärme zahlreiche wertvolle Erkenntnisse erzielt, die wesentlich zur Klärung der Spezifika des Quantenkonzepts und zur Ausbildung einer ersten in sich konsistenten Quantentheorie beigetragen haben. Trotz der damals wie heute noch nicht endgültig geklärten Begründungsproblematik der statistischen Physik[28]) bestand längst kein Zweifel mehr an der Notwendigkeit und an der Fruchtbarkeit wahrscheinlichkeitstheoretischer und statistischer Methoden für die Physik.[29]) Die von MACH u. a. vorgetragenen Einwände gegen die „Methode BOLTZMANN“ waren für die Physiker Episoden eines Kapitels nahezu vergessener Wissenschaftsgeschichte.

Vorherrschend blieb aber noch die seit LAPLACE vertretene Auffassung, daß der Determinationstyp der klassischen Physik die einzige Form sei, einen durchgängigen Determinismus im Naturgeschehen anzunehmen. Demzufolge sah man in der mathematischen Wahrscheinlichkeitstheorie und Statistik ein Hilfsmittel, um mangelnde Informationen über die Einzelereignisse innerhalb einer Gesamtheit bei Prognosen über das Verhalten der Gesamtheit zu kompensieren, die bei allen

Messungen unvermeidlich auftretenden objektiven Meßfehler zu kalkulieren, bzw. aus dem Verhalten eines kleinen Teils einer Gesamtheit auf das Verhalten der Gesamtheit zu schließen. In diesem Sinne also benötigte man die Wahrscheinlichkeitstheorie und Statistik immer dann, wenn die Zustände der Objekte *für das Erkenntnissubjekt* unterbestimmt waren, die Zustände der Objekte selbst aber durch einen vollständigen Satz physikalischer Meßgrößen festgelegt waren und der Zustand des Objektes zu einem Zeitpunkt den Zustand dieses Objektes zu jedem beliebigen anderen Zeitpunkt eindeutig determinierte.

Born hatte bereits bei der Ausgestaltung des quantenmechanischen Formalismus die Idee, bestimmte quadratische Größen in diesem Formalismus als Wahrscheinlichkeiten im Sinne des klassischen Verständnisses dieser Größen zu deuten, konnte diese Idee aber nicht ausführen. Bei seiner 1926 erfolgten statistischen Interpretation der ψ-Funktion ließ er sich von der Idee Einsteins leiten, das Quadrat der optischen Wellenamplitude als Wahrscheinlichkeitsdichte für das Auftreten von Photonen anzunehmen. Damit hatte Einstein den Welle-Teilchen-Dualismus des Lichtes anschaulich deuten wollen. Born übertrug diesen Gedanken auf die Schrödingersche Wellenfunktion und brach dabei radikal mit der Vorstellung, daß ψ eine unmittelbar physikalisch meßbare Größe sei. Während Einstein noch ironisch von einem „Gespensterfeld" gesprochen hatte, postulierte Born ein durch die skalare Funktion ψ (abhängig von den Koordinaten der Partikel und der Zeit) bestimmtes „Führungsfeld", das sich in Übereinstimmung mit der Schrödinger-Gleichung (7) ausbreitet.

In Abweichung von Heisenbergs Verzicht auf den Bahnbegriff, (dieser Gedanke blieb für inneratomare Prozesse weiterhin fruchtbar, war aber für die aperiodischen Bewegungen bzw. die makroskopisch periodischen Bewegungen von Mikroobjekten nicht ausreichend) sprach Born wieder von Bahnen: Impuls und Energie würden vom Führungsfeld so übertragen „als wenn Korpuskeln (Elektronen) tatsächlich herumfliegen. Die Bahnen dieser Korpuskeln sind nur so weit bestimmt, als Energie- und Impulssatz sie einschränken; im übrigen wird für das Einschlagen einer bestimmten Bahn nur eine Werteverteilung der Funktion bestimmt."[30]) Danach bestimmt $\psi(\boldsymbol{r}, t)\, \psi^*(\boldsymbol{r}, t)\, \mathrm{d}\boldsymbol{r}$ die Wahrscheinlichkeit, ein Teilchen zum Zeitpunkt t am Ort $\boldsymbol{r} \pm \mathrm{d}\boldsymbol{r}$ vorzufinden.

Sowie man $|\psi|^2$ als Wahrscheinlichkeit deutete, war klar, daß in Abweichung von der klassischen statistischen Mechanik Interferenzterme in den Wahrscheinlichkeitsausdrücken zusammengesetzter Systeme auftreten können. Bei Überlagerung zweier vorher voneinander unabhängiger Wellenfelder ψ_1 und ψ_2 mit den entsprechenden Wahrscheinlichkeitsdichten $P_1 = |\psi_1|^2$ und $P_2 = |\psi_2|^2$ ergab sich eine neue Wellenfunktion $\psi = \psi_1 + \psi_2$ und eine dementsprechende Wahrscheinlichkeitsdichte

$$P = |\psi|^2 = |\psi_1|^2 + |\psi_2|^2 + \psi_1\psi_2^* + \psi_1^*\psi_2,$$

die sich um den Term $\psi_1\psi_2^* + \psi_1^*\psi_2$ von der aus der klassischen Theorie bekannten Addition der Wahrscheinlichkeiten unterscheidet. Die probabilistisch gedeutete Funktion war also von ganz anderem Charakter als die Verteilungsfunktionen in der klassischen statistischen Physik.

Neben den bislang nirgends in der Physik auftretenden Interferenztermen wurde mit den Wahrscheinlichkeitsausdrücken der Bornschen Deutung aber noch eine weitere Abweichung von der klassischen Physik nahegelegt. Die Bahnen der Korpuskeln sollten Wahrscheinlichkeitsgesetzen gehorchen. Wie war das zu verstehen?

In seiner vorläufigen Mitteilung hatte Born besonderen Wert auf die Feststellung gelegt, daß mit der neuen Interpretation der Quantenmechanik die philosophische Determinismusproblematik auf die Tagesordnung gesetzt sei. Er neigte dazu, „die Determiniertheit in der atomaren Welt aufzugeben"[31]), weil es vom Standpunkt der Quantenmechanik keine Größe gebe, die im Einzelfalle den Effekt eines Stoßes kausal festlegen könne, und aus der bisherigen experimentellen Praxis auch nicht zu sehen sei, daß innere Eigenschaften des Atoms das Einzelereignis kausal festzulegen vermögen. Er betonte, daß damit eine philosophische Problematik angesprochen sei, die mit physikalischen Argumenten allein nicht zu entscheiden wäre.

In der endgültigen Mitteilung seiner Ergebnisse ist dann das Konzept für einen von der klassischen Physik unterschiedenen Determinationstyp enthalten. BORN faßte sein Ergebnis in der Feststellung zusammen: „Die Bewegung der Partikeln folgt Wahrscheinlichkeitsgesetzen, die Wahrscheinlichkeit selbst aber breitet sich im Einklang mit dem Kausalgesetz aus“.[32]) Er schloß nun entgegen seiner Überzeugung aus der „Vorläufigen Mitteilung“ die Möglichkeit nicht aus, „daß es weitere, noch nicht in die Theorie eingeführte Parameter gibt, die das Einzelereignis determinieren“.[33])

Dieser Zusatz ist auf Diskussionen mit J. I. FRENKEL zurückzuführen. Die eigenständige Berechtigung des neuen Determinationstyps war noch nicht nachgewiesen. BORN hatte sich um einen Schritt von der klassischen Interpretation des Wahrscheinlichkeitskonzepts entfernt, hatte aber selbst die „neue Art, über Naturerscheinungen zu denken“ noch nicht als unabdingbare, aus der Quantenmechanik folgende Notwendigkeit erkannt. Er polemisierte jedoch schon bald gegen SCHRÖDINGERS Versuche, die Quantenprozesse „durch eine kausale Kontinuumstheorie im klassischen Sinne darzustellen.“[34]) Noch ganz am Anfang im Verständnis des neuen Formalismus stehend, war man bereits auf die philosophisch-weltanschauliche Frage nach dem Determinismus gestoßen und hatte ein neues Wort in der Frage der raum-zeitlichen Darstellung mikrophysikalischer Bewegungen gehört.

Der mit der statistischen Deutung der ψ-Funktion eingeleitete Übergang zu einer neuen physikalischen Denkweise vollzog sich aber nur allmählich. Die BORNsche

Interpretation wurde zunächst nicht sonderlich beachtet, bzw. schroff abgelehnt. HEISENBERG bezichtigte BORN des Verrats am Geiste der Matrizenmechanik. Gleichzeitig hatte er SCHRÖDINGER hart attackiert, weil dieser angeblich „alles Quantentheoretische, nämlich den lichtelektrischen Effekt die FRANCKschen Stöße, den STERN-GERLACH-Effekt, usw. einfach über Bord“ warf.[35])

In Fortführung seiner ersten Untersuchung über Stoßprobleme formulierte BORN es dagegen als „eine dringliche Aufgabe festzustellen, wie weit die mathematisch so glänzende Wellenmechanik mit der experimentell so fruchtbaren Vorstellungsweise der Quantensprünge vereinbar ist. Die Frage lautet also: In welchen Fällen lassen sich die Ergebnisse der Wellenmechanik in der Sprache der Quantensprünge interpretieren?“[36]) Es kam für BORN darauf an, „eine Verschmelzung“ von HEISENBERGS Betrachtungsweise und SCHRÖDINGERS Formalismus auszuführen.[37])

Er kam zu dem Schluß, daß wenn man die Wellenfunktion eines Atoms in der Form

$$\psi(\boldsymbol{r},t) = \sum c_n \psi_n(\boldsymbol{r})\, \psi_n(t) \tag{8}$$

schreibt, die Größe

$$|c_n|^2 = |\int \psi(\boldsymbol{r}, t)\, \psi_n{}^*(\boldsymbol{r})\, d\boldsymbol{r}|^2 \tag{9}$$

ein Maß für die Zustandswahrscheinlichkeit des Zustandes ψ_n ist und die Übergangswahrscheinlichkeit vom Zustand ψ_n zum Zustand ψ_m störungstheoretisch berechenbar wird.

Mit der neuen Interpretation der Wellenfunktion war der Boden bereitet für die Behandlung noch weitaus komplizierterer Fragen im Zusammenhang mit einer geschlossenen Interpretation der Quantenmechanik. JORDAN und DIRAC hatten mit der Ausarbeitung der Transformationstheorie den wesentlichen Kern des mathematischen Formalismus der nichtrelativistischen

Quantenmechanik zum Abschluß gebracht. Der Sinn dieser Transformationstheorie bestand darin, eine Vorschrift zur Berechnung der Wahrscheinlichkeit anzugeben, daß eine Messung einer Observablen einen bestimmten Eigenwert ergeben wird, wenn vorher die Messung einer anderen Observablen einen fixierten Eigenwert geliefert hatte.

Der neue Formalismus enthielt nunmehr zwei voneinander unterschiedene Stufen, wobei lediglich in eine dieser Stufen Größen eingingen, die mit experimentellen Daten unmittelbar vergleichbar waren. Wichtige Größen des quantenmechanischen Apparates konnten nicht direkt mit Meßdaten verglichen werden.

Eine weitere Schwierigkeit lag im Verständnis der Objekte der neuen Theorie. Während HEISENBERG auf anschauliche Bilder überhaupt verzichten wollte und der Theorie in seinen ersten Äußerungen phänomenologische Orientierung verlieh, bestand vor allem SCHRÖDINGER auf einer anschaulichen Interpretation des Apparates. Er verstand den neuen Formalismus im Sinne einer klassischen Kontinuumstheorie und bevorzugte eindeutig das Wellenbild. Es kam zu einer Reihe ähnlich gearteter Versuche, die neue Theorie in die klassische Physik einzuordnen.[38]) HEISENBERG hingegen bevorzugte im Widerspruch zu seinen erkenntnistheoretischen Prinzipien zunächst einseitig das Korpuskelbild. Er hielt Diskontinuitäten für das Wesen der Quantentheorie, das man nicht aus Kontinuumstheorien zu verstehen vermag.

BORNS Interpretation der Wellenfunktion suchte zwischen den extremen Standpunkten zu vermitteln, unterlag aber vor allem deshalb schärfster Kritik durch SCHRÖDINGER, weil zunächst der Anschein erweckt wurde, als sei ψ nichts anderes als Ausdruck unserer Kenntnis der objektiven Vorgänge, nicht aber ein objektives Charakteristikum für diese Vorgänge selbst. Trotz der von Anfang an ersichtlichen Differenzen der von BORN in die Physik eingeführten Wahrscheinlichkeitsauffassung zu der aus der klassischen Statistik damals gewohnten, verblieben viele Physiker in der altbewährten Tradition.

Jetzt kam es darauf an, ein einheitliches Verständnis der Quantenmechanik zu schaffen. Es ging darum, Regeln zu finden, nach denen das Resultat eines jeden Experiments innerhalb des anzunehmenden Gültigkeitsbereiches der neuen Theorie mit den Ergebnissen der Theorie verglichen werden konnte. Es mußte die Struktur der neuen Theorie untersucht werden und festgestellt werden, wie weit die von der Theorie benutzten Größen physikalisch interpretierbar waren und welche der angebotenen Interpretationen verbindlich ist. Dabei galt es, erkenntnistheoretisch-methodologische Fragestellungen und die der Theorie zugrundeliegenden philosophisch-weltanschaulichen Positionen zu klären.

Vor allem Bohr und Heisenberg rangen intensiv um die Klärung dieser Probleme. Mit Schrödinger hatte man sich über die Grundfragen im Verständnis des quantenmechanischen Formalismus im September 1926 in Kopenhagen nicht einigen können. — Im nahezu täglichen Ringen, in bis weit in die Nacht reichenden kontroversen Diskussionen kamen Bohr und Heisenberg, die beiden sich an philosophischer Tiefe nicht nachstehenden Physiker, im Februar 1927 bis an den Rand eines Zerwürfnisses.

Die in der Isolation entstandenen eigenständigen Beiträge eines jeden von ihnen (Unbestimmtheitsprinzip — Heisenberg; Komplementaritätsprinzip — Bohr) sind Resultate, denen sie in der vorhergehenden gemeinschaftlichen Diskussion sehr nahe gekommen waren. Die intensive eigenständige Bearbeitung der anstehenden Probleme war die notwendige Ergänzung zum vorausgegangenen gemeinschaftlichen Ringen. Voraussetzung und Bestandteil der auf dieser Grundlage entstandenen Kopenhagener Deutung der Quantenmechanik war Borns statistische Interpretation der Wellenfunktion.

3.4. *Quantenmechanische Unbestimmtheitsrelationen*

In der HEISENBERGschen Matrizenmechanik kam der Begriff der Elektronenbahnen nicht vor. Elektronen hinterlassen aber in der WILSONschen Nebelkammer Spuren, die als Bahnen dieser Teilchen deutbar sind. Eine Theorie, die beansprucht, Gesetzmäßigkeiten in den Beziehungen zwischen beobachtbaren Größen zu erfassen, mußte selbstverständlich auch die beobachtbaren Spuren von Elektronen in der Nebelkammer abzubilden erlauben. Das schien aber nicht der Fall zu sein. Damit lag ein schwerwiegender Einwand gegen den neuen Formalismus vor.

Dieser Einwand ließ sich auch im Rahmen der SCHRÖDINGERschen Wellenmechanik zunächst nicht entkräften. Nach der BORNschen Interpretation sollte es zwar bestimmte Wahrscheinlichkeiten für Bahnen geben. Die beobachtbaren Bahnen aber schienen sich nicht von denen der Makroobjekte zu unterscheiden. Warum also sollten sie nicht wie in der klassischen Mechanik berechenbar sein? Nach SCHRÖDINGERS Interpretation hätten die Teilchen mit der Zeit zerfließen müssen. Danach bestand also nicht einmal die Möglichkeit, den Bahnbegriff wieder einzuführen.

HEISENBERG versuchte diese Schwierigkeiten im Rahmen der Transformationstheorie zu beheben und ging davon aus, daß mit dem vorliegenden Formalismus bereits der in sich geschlossene und konsistente Apparat der neuen Theorie gegeben war.[39]) Diese Annahme erwies sich als außerordentlich fruchtbar. Es muß aber berücksichtigt werden, daß damals die gegenteilige Annahme auch berechtigt erscheinen konnte.

Ausgangspunkt quantenmechanischer Berechnungen war zunächst eine genaue Analyse der realen Beobachtungen. Da die beobachtbaren Spuren der Elektronen in der WILSONschen Nebelkammer nichts anderes als eine Folge von einzelnen Wassertröpfchen sind, deren Ausdehnung wesentlich größer ist als die der Elektronen selbst, konnte man aus diesen Spuren korrekterweise eigentlich noch nicht auf die Existenz von klassischen Bahnen der Elektronen schließen. Ein räumlich sehr viel größeres Wassertröpfchen vermag das Elektron zu keinem Zeitpunkt im Sinne des Bahnbegriffs der klassischen Mechanik zu lokalisieren. Wegen dieser Unbestimmtheit des Ortes läßt sich aus dem Verlauf der Spur in der Nebelkammer auch nicht eindeutig auf den Impuls des Elektrons schließen. Ort und Impuls lassen sich aber in Abhängigkeit von der Breite der tatsächlich beobachteten Spur mit ausmeßbaren Unbestimmtheiten angeben.

Daraus nun erwuchs die Frage, ob in der Theorie, die beanspruchte, eine adäquate Beschreibung aller beobachtbaren Phänomene der Atomphysik zu sein, eine Situation herstellbar ist, in der das Elektron über eine Koordinate $x \pm \Delta x$ und gleichzeitig über eine Impulsprojektion auf die x-Achse $p_x \pm \Delta p_x$ verfügt. Die Δx und Δp_x mußten mindestens so klein gemacht werden können, daß es keine Widersprüche zur Beobachtung gab. In der klassischen Mechanik wäre es möglich gewesen Δx und Δp_x gleichzeitig gegen Null gehen zu lassen. Die Vertauschungsrelation (5) verbot das aber für die Quantenmechanik. Es konnte gezeigt werden, daß dort für die Mittelwerte des Quadrats der Abweichung $\langle(\Delta x)^2\rangle$ und $\langle(\Delta p_x)^2\rangle$ immer gilt[40])

$$\langle(\Delta x)^2\rangle \, \langle(\Delta p_x)^2\rangle \geqq \frac{\hbar^2}{4}. \tag{10}$$

Mit dieser Unbestimmtheitsrelation für Ort und Impuls war eine Konsequenz der neuen Theorie aufgezeigt, die einen der prinzipiellen Unterschiede zwischen der klassischen und der Quantenmechanik markiert. Während die klassische Mechanik davon ausging, daß Massenpunkte sich auf mathematischen Raum-Zeit-Kurven mit besonderen Stetigkeits- und Differenzierbarkeitseigenschaften bewegen, kommt dieser Bahnbegriff in der

Quantenmechanik nicht vor und wird durch den Formalismus sogar streng verboten.[41]) Je kleiner die Unbestimmtheit des Ortes eines Mikroobjektes gemacht wird, umso größer wird notwendigerweise gleichzeitig die Unbestimmtheit des Impulses dieses Objektes.

Diese völlig unerwartete Eigenschaft des quantenmechanischen Formalismus ermöglichte es aber auch, die beobachtbaren Spuren von Elektronen in der Nebelkammer eindeutig zu beschreiben und zu erklären. Das Resultat der HEISENBERGschen Berechnungen rechtfertigte also die ursprüngliche Überzeugung, daß die Quantenmechanik nicht modifiziert werden müsse.

Neben der Orts-Impuls-Unbestimmtheitsrelation formulierte HEISENBERG noch eine entsprechende Energie-Zeit-Unbestimmtheitsrelation. Er konnte seine Bemühungen um das Verständnis dieser in der klassischen Mechanik völlig unbekannten Relationen physikalisch 1927 mit dem Nachweis abschließen, daß derartige Unbestimmtheitsrelationen Folgen der Vertauschungsregeln der entsprechenden Operatoren sind und daher für alle nichtkommutativen Operatoren gelten müssen.

War HEISENBERG ursprünglich davon ausgegangen, nur Beziehungen zwischen beobachtbaren Größen in der Theorie zuzulassen, stieß er jetzt auf eine Eigenschaft der Theorie, die festlegte, was beobachtbar ist. In Übereinstimmung mit der Quantenmechanik lassen sich Bahnen im Sinne der klassischen Mechanik nicht beobachten und werden für Mikroobjekte auch tatsächlich nirgends beobachtet.

Die Forderung nach Ausschluß von Beziehungen zwischen nichtbeobachtbaren Größen war als zum Zeitpunkt des Entwurfs der neuen physikalischen Theorie heuristisch gerechtfertigte methodologische Forderung gekennzeichnet worden. Das soeben behandelte Resultat ist aber ein weiterer Beweis dafür, daß diese Forderung in Strenge gar nicht zu realisieren war. Der die Theorieentwicklung vorantreibende dialektische Widerspruch, daß einerseits die Theorie von der Beobachtung auszugehen hat und andererseits erst festlegt, was eigentlich beobachtet werden kann, ist auch in den Arbeiten HEISENBERGS selbst reflektiert.

In seinen Erinnerungen an die Entstehung der Atomphysik hat er 1969 die Unbestimmtheitsrelation für Ort und Impuls als Konsequenz der Feststellung EINSTEINS bezeichnet, daß erst die Theorie entscheide, was man beobachten könne.[42]) Aus der zitierten Originalarbeit von 1927 ist ersichtlich, daß diese Behauptung lediglich als rationale Rekonstruktion seines Vorgehens zu dieser Zeit gelten kann.

1927 war weder für HEISENBERG noch für einen anderen der an dieser Entwicklung beteiligten Physiker vollständig klar, wie weit die klassische Mechanik beizubehalten war, an welcher Stelle genau die neue Mechanik benötigt wurde und welche prinzipiellen Unterschiede zwischen beiden bestanden.

So gab es das Programm, nur Beziehungen zwischen beobachtbaren Größen zuzulassen. Da aber beispielsweise für den klassischen Bahnbegriff gar nicht entscheidbar war, ob er vielleicht außerhalb des Atoms doch noch zu den beobachtbaren Begriffen zu zählen sei, sollte nun die Theorie entscheiden, was tatsächlich zu beobachten ist. Eine komplizierte Situation, die auf den dialektisch widersprüchlichen Charakter des Erkenntnisprozesses verweist!

Damals hatte man sich aber an derartige Komplikationen noch nicht gewöhnt. Deshalb fanden sich im Widerspruch zum Anliegen der HEISENBERGschen Arbeit von 1927 darin Begriffe wie „Unsicherheit“, Unsicherheitsrelation“ und „Ungenauigkeit“. In späteren Arbeiten wurde auch von „Ungenauigkeitsrelationen“ gesprochen. Damit wurde suggeriert, es gebe eigentlich klassische Bahnen, wir vermögen sie nur nicht genau zu bestimmen. Die Unbestimmtheitsrelationen ließen sich dann als Mangel unserer Kenntnisse deuten. Diese Auffassung aber galt es gerade zu verhindern, wenn man herausfinden wollte, ob klassisch-mechanische Bahnen für

Mikroobjekte möglich sind und wie die Spuren in der WILSONschen Nebelkammer zustande kommen.

Das festzustellen ist vom Standpunkt der siegreichen Quantenmechanik relativ einfach. Darüber bereits Klarheit zum Zeitpunkt der Ausarbeitung der neuen physikalischen Gedanken vorauszusetzen oder zu erwarten, wäre aber ahistorisch.

HEISENBERG ging in seiner Arbeit von 1927 von Gedankenexperimenten aus, die später vielfach modifiziert auch in den philosophisch-erkenntnistheoretischen Diskussionen immer wieder herangezogen wurden. Der Gedanke, daß wegen des COMPTON-Effektes jede Messung des Ortes eines Elektrons durch Licht zugleich mit einer unstetigen Veränderung seines Impulses verbunden sei und jede Impulsmessung in Übereinstimmung mit DE BROGLIES Hypothese eine Ortsveränderung nach sich zieht, war insofern fruchtbar, als die Bedeutung der Wechselwirkung eines Meßgerätes mit dem Meßobjekt im Meßprozeß damit klar herausgearbeitet wurde. Man konnte nicht mehr wie in der Makrophysik darauf hoffen, den Einfluß des Meßgerätes auf das Meßobjekt vollständig vernachlässigen zu können.

Dieser richtige Gedanke hatte im Zusammenhang mit der anschaulichen Vorstellung von derartigen Meßprozeduren aber auch den Nachteil, daß man implizit beim Elektron immer die Existenz eines Ortes unterstellte. Für HEISENBERG ergab sich das ganz zwanglos daraus, daß er weiterhin noch das Korpuskelbild vorzog. Wegen des seiner Meinung nach notwendigen diskontinuierlichen Elements in der neuen Theorie schien allerdings der Geschwindigkeitsbegriff keinen Sinn mehr zu haben. Nur stetige Kurven können differenzierbar sein. Die „Bahn eines Elektrons“ mußte man sich aber anschaulich aus einzelnen, voneinander getrennten Punkten vorstellen.

Heute weiß man, daß diese Bahnvorstellung mit der Quantenmechanik ebenso unvereinbar ist, wie die SCHRÖDINGERsche Interpretation der Wellenfunktion.

1927 war man sich über die diesbezüglichen Widersprüchlichkeiten der referierten HEISENBERGschen Arbeit noch nicht im klaren. Inzwischen ist es einfach festzustellen, daß in ihr das prinzipiell Neue zum Teil noch in der alten, nicht mehr voll funktionsfähigen Sprache ausgedrückt wurde. Analysiert man die Situation, in der diese Arbeit entstand, wird deutlich, daß eine solche Ausdrucksweise die nächstliegende war. Zahlreiche Mißverständnisse nachfolgender Diskussionen sind den Unklarheiten dieser Arbeit geschuldet, die ganz fundamentale neue physikalische Erkenntnisse in einer teilweise mißverständlichen Weise dargelegt hat.

Die HEISENBERGsche Arbeit, in der erstmalig die Unbestimmtheitsrelation für Ort und Impuls sowie für Energie und Zeit und deren Begründung mitgeteilt wurden, enthielt aber noch weiteren Zündstoff für Auseinandersetzungen mit den Gegnern der neuen physikalischen Theorie, bzw. mit jenen Theoretikern, denen die Matrizenmechanik zu formal war. In dieser Arbeit wurden physikalische Schlüsse aus dem quantenmechanischen Formalismus gezogen, die mit den Vorstellungen der klassischen Physik ebenso wie mit vielen der bislang üblichen philosophischen Vorstellungen von Physikern völlig unvereinbar waren.

HEISENBERG sah in den „Ungenauigkeiten" gleichzeitiger Orts- und Impulsmessungen sowie den analogen „Ungenauigkeiten" bei der Bestimmung anderer Größen den eigentlichen Grund für das Auftreten statistischer Zusammenhänge in der Quantenmechanik. Damit gab er, obwohl bereits damals von der Grundsätzlichkeit des Wahrscheinlichkeitscharakters quantenmechanischer Voraussagen überzeugt, ungewollt den späteren Diskussionen Nahrung, die um die mögliche Ergänzung der neuen Theorie durch verborgene Parameter geführt wurden.

HEISENBERG gründete seine Überzeugung, daß der Formalismus der Quantenmechanik keiner Revision mehr bedürfe, vor allem darauf, daß es gelungen war, Beziehungen „zwischen konkreten experimentell gegebenen Zahlen“ zu erfassen[43]) und betonte gleichzeitig, daß man vom „Ort eines Elektrons“ nur dann sprechen kann, wenn man bestimmte Experimente anzugeben vermag, mit deren Hilfe man diesen zu messen gedenkt. Damit wurden indirekt zwei Größenarten unterschieden; solche, denen unabhängig vom Meßverfahren feste Werte zugeordnet werden können, und solche, von denen man nur sprechen kann, wenn man gleichzeitig ein entsprechendes Meßverfahren angibt.[44])

Für die bald schon um die Frage der Materialität der Mikroobjekte aufflammenden philosophischen Diskussionen muß man die in den ersten quantenmechanischen Arbeiten zumeist als Trivialität betrachtete Tatsache hervorheben, daß die Objekte der Theorie ohne Verletzung der Unbestimmtheitsrelationen immer durch eine Reihe von exakt bestimmten Größen charakterisiert sind (damals bekannt waren Ruhemasse, elektrische Ladung und Spin).

Aus der Unbestimmtheitsrelation für Ort und Impuls zog Heisenberg den Schluß: „Die ‚Bahn‘ entsteht dadurch, daß wir sie beobachten.“[45]) Mit derartigen Bemerkungen und dem Hinweis auf die Reduktion des Wellenpakets bei der Beobachtung war eine bis heute anhaltende Diskussion um die Rolle des Beobachters in der Theorie provoziert, die philosophisch um die Subjekt-Objekt-Dialektik geführt wurde und wird.

Heisenberg stellte fest, daß die statistischen Gesetze in der klassischen Theorie von denen in der Quantentheorie unterschieden sind. In allen Fällen von Relationen exakt meßbarer Größen der klassischen Theorie gelten diese auch in der Quantentheorie entsprechend (Impuls- und Energiesatz). Wegen der Unbestimmtheitsrelationen, die z. B. die gleichzeitige Anwendbarkeit solcher Begriffe wie Ort und Impuls einschränken, sei aber an der scharfen Formulierung des Kausalgesetzes: „Wenn wir die Gegenwart genau kennen, können wir die Zukunft berechnen“ nicht der Nachsatz, sondern die Voraussetzung falsch. „Wir können die Gegenwart in allen Bestimmungsstücken prinzipiell nicht kennenlernen. Deshalb ist alles Wahrnehmen eine Auswahl aus einer Fülle von Möglichkeiten und eine Beschränkung des zukünftig Möglichen. Da nun der statistische Charakter der Quantentheorie so eng an die Ungenauigkeit aller Wahrnehmung geknüpft ist, könnte man zu der Vermutung verleitet werden, daß sich hinter der wahrgenommenen statistischen Welt noch eine ‚wirkliche' Welt verberge, in der das Kausalgesetz gilt. Aber solche Spekulationen scheinen uns, das betonen wir ausdrücklich, unfruchtbar und sinnlos. Die Physik soll nur den Zusammenhang der Wahrnehmungen formal beschreiben. Vielmehr kann man den wahren Sachverhalt viel besser so charakterisieren: Weil alle Experimente den Gesetzen der Quantenmechanik ... unterworfen sind, so wird durch die Quantenmechanik die Ungültigkeit des Kausalgesetzes definitiv festgestellt."[46])

Ein traditionell philosophisches Problem sollte damit durch die neue Quantenmechanik definitiv gelöst sein. In Wirklichkeit wurde aber keine Lösung des *philosophischen* Problems gegeben, sondern im Anschluß an eine *physikalische* Erkenntnis eine lang anhaltende philosophische Diskussion provoziert.

Pauli sprach in Reaktion auf die Mitteilung der wesentlichen Überlegungen von Heisenberg noch vor deren Veröffentlichung euphorisch von der „Morgenröte der Neuzeit" und stellte fest: „Es wird Tag in der Quantentheorie."[47]) Damit hatte er Recht, wenn er den physikalischen Gehalt der Heisenbergschen Überlegungen meinte. Die gleichzeitig aufgestellten philosophischen Behauptungen waren aber, wie sich bald zeigen sollte, eher dazu angetan, Verwirrung zu stiften.

Dies hatte auch Bohr empfunden, der zunächst auf Heisenbergs neuartige Gedankengänge weitaus weniger euphorisch reagierte als Pauli und sogar von einer Publikation abriet. Unter diesem Einfluß versah Heisenberg seinen Artikel dann zumindest noch mit einem

Nachtrag, der u. a. seine allzu phänomenologisch orientierten Gedanken zur Anschaulichkeit korrigierte.

BOHRS inzwischen entstandenes Komplementaritätsprinzip wurde auch von HEISENBERG als Versuch gewertet, endlich aus der Alternativvorstellung herauszufinden, nach der die Mikroobjekte nur *entweder* Wellen *oder* Korpuskeln sein konnten. BOHR ging es um die theoretische Vereinigung beider klassisch veranschaulichbarer Aspekte im Verhalten der Mikroobjekte.

HEISENBERGS anschauliche Deutung der abstrakten Quantenmechanik war ein Versuch, „ohne Anleihe bei der Wellenmechanik den Weg zu Ende zu gehen, der durch die Quantenmechanik (in ihrer Matrizenform — U. R.) und die DIRACsche Transformationstheorie vorgezeichnet schien".[48]) Das hatte für ihn praktisch bedeutet, die Mikroobjekte implizit als Korpuskel zu unterstellen, deren mechanische Bewegungsgesetze bislang noch nicht anschaulich verständlich waren.

BOHRS Komplementaritätsprinzip ermöglichte nun auch HEISENBERG, die Einseitigkeit seiner Anschaulichkeitsvorstellung zu erkennen und die anfängliche Favorisierung der Korpuskelauffassungen zugunsten des Welle-Teilchen-Dualismus aufzugeben.

3.5. Komplementaritätsprinzip

Im Unterschied zu HEISENBERG fand BOHR 1927 keine neuen physikalischen Formeln, die den Inhalt der Theorie anschaulich verdeutlichen konnten. Er stieß vielmehr wie bereits vorher BORN (mit seiner statistischen Interpretation der SCHRÖDINGERschen Wellenfunktion), auf eine „neue Art, über Naturerscheinungen zu denken". Bis heute werden kontroverse Auffassungen über den Inhalt des BOHRschen Komplementaritätsprinzips vertreten. Insbesondere ist die Frage umstritten, was eigentlich durch dieses Prinzip widergespiegelt wird.[49])

Für BOHR bestand ein wesentliches Charakteristikum

der Quantentheorie in der Erkenntnis, daß die klassischen physikalischen Begriffe nur begrenzt für die Erklärung atomarer Phänomene anwendbar sind.[50]) HEISENBERGS Unbestimmtheitsrelationen hatten das wiederum bestätigt.

Ebenso wie HEISENBERG betonte BOHR die fundamentale Bedeutung des Quantenpostulats. Daraus folgt für ihn der Verzicht auf kausale raum-zeitliche Beschreibung inneratomarer Prozesse. Damit war gemeint, daß es keinen Sinn habe, im stationären Zustand der Atome Elektronen„bahnen" in Übereinstimmung mit klassisch-mechanischen Vorstellungen zu unterstellen und daß die Zustandsänderungen nicht anders als durch Angabe entsprechender Übergangswahrscheinlichkeiten deutbar seien.

Davon ausgehend machte BOHR auf die in der Quantentheorie auftauchenden Probleme mit dem Beobachtungsbegriff aufmerksam. Mikroobjekte können nicht beobachtet werden, ohne dabei ihren Zustand entscheidend zu beeinflussen. Dies ist nur für makrophysikalische Phänomene (eingeschlossen die makrophysikalischen Folgen mikrophysikalischer Ereignisse) möglich. BOHR sprach von der später immer wieder aufgegriffenen „Willkür des Beobachtungsbegriffes" (es läßt sich nicht eindeutig festlegen, wie weit Beobachtungsmittel in der Form von Meßapparaturen reichen und wo das beobachtete Objekt beginnt). Nach ihm brachte das Quantenpostulat einen „irrationalen" Zug in die Naturbeschreibung. Damit jedoch meinte er im Unterschied zu zahlreichen seiner späteren Interpretatoren: mit den Mitteln der klassischen Physik unverständlich.

BOHR gelangte zu folgendem Dilemma. Einerseits setzt jede Definition des Zustandes eines physikalischen Systems voraus, daß dieses von anderen Systemen genügend isoliert ist (strenggenommen sogar absolut isoliert). Das Quantenpostulat aber verbietet jegliche Beobachtung für absolut isolierte Systeme. Um zu beobachten, muß man auf das Beobachtungsobjekt einwirken.

Diese Einwirkung läßt sich im Bereich der Quantenphänomene nicht mehr vernachlässigen. Für unbeobachtete Systeme aber verlieren nach BOHRS Überzeugung Raum und Zeit ihren Sinn.

Über diese Behauptung ist ebenso viel gestritten worden, wie über HEISENBERGS Forderung, nur beobachtbare Größen in die Theorie aufzunehmen. Es genügt allerdings zunächst festzuhalten, daß in die quantenmechanischen Zustandsdefinitionen in Übereinstimmung mit BORNS statistischer Deutung und HEISENBERGS Unbestimmtheitsrelation Raum und Zeit tatsächlich nicht in der Form eingehen wie in die Zustandsdefinitionen der klassischen Physik.

Läßt man nun Wechselwirkungen zu, hebt also die Isolation des Systems teilweise auf, um Beobachtungen zu ermöglichen, so ist der Zustand des Systems nicht mehr eindeutig definiert. Nach BOHR kann dann auch von Kausalität im gewöhnlichen Sinne keine Rede mehr sein.

Daraus ergab sich die Formulierung eines erkenntnistheoretisch-methodologischen Prinzips. BOHR schrieb: „Nach dem Wesen der Quantentheorie müssen wir uns also damit begnügen, die Raum-Zeit-Darstellung und die Forderung der Kausalität, deren Vereinigung für die klassischen Theorien kennzeichnend ist, als komplementäre, aber einander ausschließende Züge der Beschreibung des Inhalts der Erfahrung aufzufassen, die die Idealisation der Beobachtungs- bzw. Definitionsmöglichkeiten symbolisieren.“[51])

HEISENBERG war seit seiner ersten für die Quantenmechanik wegweisenden Arbeit von den Beobachtungsmöglichkeiten allein ausgegangen und hatte zunächst nur ungenügend berücksichtigt, daß diese im Bereich der Quantentheorie nicht mehr wie in der klassischen Physik mit den Definitionsmöglichkeiten identisch sind. BOHR formulierte die Aufgabe, eine „Komplementaritätstheorie“ auszubilden, „deren Widerspruchsfreiheit nur durch das Abwägen der Definitions- und Beobachtungsmöglichkeiten beurteilt werden kann."[52]) Die erwähnten Widersprüchlichkeiten in HEISENBERGS Arbeit von 1927 wären auf der Grundlage des BOHRschen Komplementaritätsprinzip vermeidbar gewesen.

In Übereinstimmung mit diesem Prinzip hat es keinen Sinn, so zu tun, als ob die Mikroobjekte eigentlich Korpuskeln sind und folglich über einen Ort verfügen. Sie müssen gleichzeitig als Wellen und Korpuskeln behandelt werden. Es ist zu klären, ob Ort und Impuls von Mikroobjekten Größen sind, deren messende Beobachtung jeweils die Definitionsmöglichkeit der entsprechenden anderen Größe einschränkt. HEISENBERGS Unbestimmtheitsrelation (10) hat gezeigt, daß das der Fall ist. Folglich kann man die Existenz eines Ortes bei Mikroobjekten nicht ohne weiteres voraussetzen. Die entsprechende Relation ist daher auch keine „Ungenauigkeitsrelation".

Das Komplementaritätsprinzip erlaubt diesen Sachverhalt in einer widerspruchsfreien Weise zu erfassen. In seiner allgemeinsten Form besagte es ursprünglich, daß zum anschaulichen Verständnis der Erkenntnisse der Mikrophysik stets ein Paar solcher klassisch-physikalischer Begriffe benutzt werden muß, die einander quantenmechanisch wechselseitig ausschließen (kanonisch konjugierte Größen).[53]) Damit waren die Grenzen abgesteckt, bis zu denen die entsprechenden Begriffe der klassischen Physik in der neuen Theorie anwendbar blieben.[54])

Ebenso wie HEISENBERG bei seiner Argumentation zur Kausalitätsproblematik machte BOHR keinen Unterschied zwischen philosophischen und physikalischen Begriffen. Es entstand damit der Eindruck, daß die neue physikalische Theorie unanalysiert Aussagen über die Möglichkeiten philosophischer Konzeptionen treffen könne. In diesem Punkt vermochten sich HEISENBERG und BOHR nicht über das für den mechanischen Materialismus charakteristische methodische Vorgehen zu erheben. Die Spezifik der physikalischen und philosophischen Begriffe wurde verwischt, um dann teilweise mit Argumenten der positivistischen Schulphilosophie bestimmte philosophische Konzeptionen als durch die Physikentwicklung überholte und daher zu eliminierende Auffassungen zu charakterisieren.

In den HEISENBERGschen Unbestimmtheitsrelationen kommt jeweils eine konkrete Form der für die Mikrophysik durchgängig erforderlichen Komplementaritätsauffassung zum Ausdruck. Man kann die Quantenmechanik unter Einbeziehung dieser Relationen interpretieren, ohne das BOHRsche Komplementaritätsprinzip zu benutzen. In diesem Falle ist man aber nur schwer in der Lage, solche Widersprüchlichkeiten zu vermeiden, wie sie bereits in HEISENBERGS Arbeit von 1927 auftauchten. Unmöglich ist es dagegen, die Quantenmechanik unter Umgehung der Unbestimmtheitsrelationen allein auf der Grundlage des Komplementaritätsprinzips zu interpretieren. Was komplementäre Eigenschaften sind, folgt aus dem theoretischen Apparat.

Bereits in den ersten Diskussionen zwischen HEISENBERG und BOHR war es außerordentlich kompliziert, die beiden für die Interpretation der Quantenmechanik so bedeutsamen Gedankengänge voneinander abzugrenzen. Schließlich aber wurde im wesentlichen ein Konsensus erarbeitet, der in BOHRS Como-Vortrag vom September 1927 seinen Niederschlag fand. In der Folgezeit hat es in den erkenntnistheoretisch-methodologischen Reflexionen der BOHRschen Schule und ihrer Anhänger weitere Präzisierungen und Korrekturen gegeben. Im wesentlichen aber war mit diesem Vortrag der Grundstein zur Kopenhagener Deutung der Quantentheorie gelegt, die von nun an im Mittelpunkt der weiteren philosophischen Diskussionen stand.

3.6. Kopenhagener Deutung

Mit der Kopenhagener Deutung der Quantentheorie fand auch die Herausbildung der Quantenmechanik faktisch ihren Abschluß. Die physikalisch entscheidenden Beiträge zu dieser Deutung sind in BORNS statistischer Interpretation der Wellenfunktion, in den HEISENBERGschen Unbestimmtheitsrelationen und dem BOHRschen Komplementaritätsprinzip zu sehen. Wie bereits in der Einzelbehandlung dieser drei wesentlichsten Elemente zur Deutung der Quantenmechanik klar wurde, war jeder neue Schritt mit philosophischen Fragestellungen verbunden. So nimmt es dann auch nicht Wunder, daß jene als Kopenhagener Deutung in die Literatur eingegangene Interpretation der Quantenmechanik nicht allein als mehr oder minder gesicherte physikalische Auslegung des weiter vervollkommneten quantenmechanischen Formalismus aufgefaßt wurde.[55]) Vielmehr handelte es sich bei dieser Deutung um ein nur außerordentlich schwer auflösbares Gemisch physikalisch richtiger Feststellungen, implizit darin enthaltener physikalischer Problemstellungen und eine Reihe philosophisch-weltanschaulicher und erkenntnistheoretisch-methodologischer Positionen.

Die Kopenhagener Deutung der Quantenmechanik wurde niemals in einem einzigen, für alle Anhänger gleichermaßen verbindlichen Text fixiert. Sie existiert vielmehr in zahlreichen Darstellungen, die sich zwar in ihrem wesentlichen physikalischen Gehalt nicht unterscheiden, die aber über eine Reihe von Akzentverschiebungen in den jeweiligen philosophischen Positionen verfügen. Außerdem gab es, wie nicht anders zu erwarten, unter dem Einfluß vielfältigster, oftmals außerordentlich kontrovers geführter Diskussionen, einen im Einzelnen nur schwer verfolgbaren, aber in der Tendenz deutlich ablesbaren Wandel in den philosophischen Auffassungen der Vertreter der Kopenhagener Deutung.

Es erscheint daher zweckmäßig, zunächst noch einmal die Kerngedanken dieser Deutung in ihrer ursprünglichen Fassung hervorzuheben. Da diese Gedanken mit entsprechenden Modifikationen in die ersten Lehrbuchdarstellungen der neuen Theorie Eingang gefunden haben, mußten sie in den 30er Jahren als *die* kompetente Darstellung der Quantenmechanik erscheinen. Das galt für die physikalischen Komponenten der Kopenhagener Deutung ebenso wie für die philosophischen.

Jede Anwendung der Quantenmechanik beruht nach der Kopenhagener Deutung auf folgenden Voraussetzungen:

1. Der Zustand eines physikalischen Systems wird durch einen Vektor im HILBERT-Raum gegeben (ψ).

2. Wenn zwei Größen ψ_1 und ψ_2 Zustände *eines* Systems sind, dann ist auch ihre lineare Kombination $\psi = a\psi_1 + b\psi_2$ Zustand dieses Systems.

3. Die zeitliche Änderung des Zustandes eines Systems ist über die SCHRÖDINGER-Gleichung bestimmt.

4. Jeder Meßprozeß einer beobachtbaren Größe läßt sich als Einwirkung eines entsprechend gewählten hermiteschen Operators auf den Zustand des Systems darstellen. Dabei wird eine Eigenfunktion und der ihr entsprechende Eigenwert des Operators projiziert. Eine gleichzeitige Messung zweier kanonisch konjugierter Variabler (zueinander komplementärer Variabler) ist durch die jeweilige Unbestimmtheitsrelation begrenzt. Im Meßprozeß findet die Reduktion der Wellenfunktion, also eine diskontinuierliche Veränderung dieser Größe statt. Nicht geklärt ist, ob jedem hermiteschen Operator eine beobachtbare Größe entspricht.

5. ψ ist keine im Sinne der klassischen Physik deutbare, unmittelbar meßbare Größe; ψ wird immer als Wahrscheinlichkeitsdichte interpretiert.

Mit diesen Festlegungen ist eine Reihe physikalischer und philosophischer Problemstellungen verbunden, die von der Charakteristik des Wesens dieser Theorie bis zu den diffizilen Fragen des quantenmechanischen Meßprozesses und der der Quantenmechanik zugrundeliegenden Logik reichen.

Auf der Grundlage des BOHRschen Komplementaritätsprinzips und des Äquivalenzbeweises der Matrizen- und der Wellenmechanik gab es für die Beschreibung und Erklärung des Verhaltens der Mikroobjekte einen in sich konsistenten mathematischen Apparat, der seine allgemeinste Form in der HILBERT-Raum-Darstellung gefunden hatte. Dieser Formalismus war widerspruchsfrei. Die seit HEISENBERGS Herleitung der Unbestimmtheitsrelationen vorherrschende Auffassung von der Vollständigkeit der Theorie konnte unter später diskutierten einschränkenden Bedingungen durch v. NEUMANN theoretisch untermauert werden.

Die Quantenmechanik galt den Anhängern der Kopenhagener Deutung mit BOHR als mathematische Symbolik, welche es ermöglicht hatte, die Quantentheorie als eine strenge, korrespondenzmäßige Umdeutung der klassischen Theorien zu formulieren.[56]) In der Überbetonung des durch die neue Mathematik zum Ausdruck gebrachten „Symbolischen“ wurde der bislang übliche Theoriebegriff der Physik wesentlich verändert. Der Abbildcharakter jeder Theorie wurde dabei verbal völlig aufgegeben. Das führte zu einer zeitweiligen Annäherung an einen konventionalistisch, bzw. operationalistisch begründeten Theoriebegriff.

Im Verlaufe intensiver experimenteller und theoretischer Erforschung atomarer Phänomene und deren makrophysikalischer Folgen war klar geworden, daß die Begriffe der klassischen Physik in diesem Bereich nicht mehr genügten. Die klassischen Begriffe aber reichten offensichtlich vollständig aus, um alle experimentell und beobachtungsmäßig möglichen Erfahrungen adäquat widerzuspiegeln. Es mußte also ein Weg gefunden werden, einerseits diese Begriffe beizubehalten und sie andererseits jenseits ihres Anwendungsbereichs zu modifizieren.

Dabei übersah man zumeist, daß auch die Theorien der klassischen Physik immer eine dialektische Einheit von Abbild und Entwurf darstellen.

Die klassische Physik erschien gemäß den unter der Vorherrschaft des mechanischen Materialismus entstandenen Illusionen als metaphysisches Abbild der Wirklichkeit, das allein deshalb hypothesenfrei ist, weil es im Rahmen der jeweiligen Meßgenauigkeit mit unseren Sinneswahrnehmung in allen messenden Beobachtungen und Experimenten übereinstimmt. Da es nur *ein* solches auf die Sinneswahrnehmungen eindeutig passendes Abbild der Wirklichkeit geben könne und die Beschreibung atomphysikalischer Phänomene sich der Beschreibung unmittelbar sinnlich wahrnehmbarer Phänomene korrespondenzmäßig anschließen sollte, meinte man den Abbildcharakter für das Verständnis der neuen Theorie aufgeben zu müssen. Man folgte damit zum Teil der von KIRCHHOFF und MACH eingeleiteten Kritik am früher üblichen physikalischen Theoriebegriff.

Die neue Theorie ging von einem Welle-Teilchen-Dualismus aus. In Übereinstimmung mit zahlreichen Experimenten war es nicht länger zulässig, Mikroobjekte als Korpuskeln zu unterstellen. Die Mikroobjekte verfügen neben den bekannten Korpuskeleigenschaften auch über Welleneigenschaften. Das war experimentell durch Interferenz- und Beugungserscheinungen (Doppelspalt, Kristallsplitter) in eindrucksvoller Weise belegt. Die Mikroobjekte stellen aber auch keine Wellen dar, die sich in Raum und Zeit ausbreiten. Die Wellenpakete zerflossen mit der Zeit und konnten die nachweisbare Stabilität der Objekte nicht gewähren.

Im Zusammenhang mit der aus dem Welle-Teilchen-Dualismus resultierenden Notwendigkeit, einen völlig neuen Objektbegriff in die Physik einzuführen, gab es in den Arbeiten der Anhänger der Kopenhagener Deutung zunächst die Tendenz, die Materialität der Mikroobjekte in Zweifel zu ziehen und auf der Grundlage des veränderten Theoriebegriffes und eines platonistischen

Mathematikverständnisses eine idealistische Begründung für die Theorie zu liefern. So sah BOHR den entscheidenden Fortschritt der Quantenmechanik in erkenntnistheoretischer Hinsicht darin, daß die in der EINSTEINschen Relativitätstheorie noch in Strenge aufrechterhaltene „Vorstellung der objektiven Realität der zur Beobachtung gelangenden Phänomene“ nun nicht mehr beizubehalten sei.[57]) Und HEISENBERG sprach im Anschluß an die Rezeption wichtiger Gedanken PLATONS davon, daß dem Atom der modernen Atomtheorie *unmittelbar* überhaupt keine materiellen Eigenschaften mehr zukämen.[58]) Es mußte auf der Grundlage solcher Formulierungen der Eindruck entstehen, die Objekte der Theorie ständen nicht für außerhalb und unabhängig vom Bewußtsein existierende Gebilde.

Mit einem aus Vereinfachungen der klassischen Physik u. a. Bereichen der Anwendung wahrscheinlichkeitstheoretischer und statistischer Methoden stammenden subjektiven Wahrscheinlichkeitsverständnis kam es zur Überbewertung der Rolle des Beobachters in der Theorie. Das Problem des Beobachters hing in prinzipieller Weise mit dem Quantenpostulat selbst zusammen. Konnte man in der klassischen Physik noch jede Einwirkung eines Meßapparates auf das zu messende Objekt vernachlässigen, so ging das in der Quantenmechanik nicht mehr. Eine Wechselwirkung zwischen zwei Objekten ist dort mindestens von der Größenordnung des Wirkungsquantums und das gerade ist *die* charakteristische Größe der Quantenmechanik.

Aus der Analyse der Möglichkeiten einer quantenmechanischen Zustandsdefinition und der Möglichkeiten von diesem Zustand über entsprechende Messungen Kenntnis zu erlangen, kam BOHR zum Komplementaritätsprinzip als einem notwendigen Element der Naturbeschreibung und zu weitreichenden Verallgemeinerungen bezüglich der erkenntnistheoretischen Subjekt-Objekt-Relation. Der Beobachter wurde im Gegensatz zum klassischen Theorieverständnis ein zentraler, aus der Theorie selbst nicht mehr zu entfernender Begriff. Die Quantenmechanik gemahnte BOHR an die alte Wahrheit, „daß wir sowohl Zuschauer als Teilnehmer in dem großen Schauspiel des Daseins sind.“[59]) Bei einer derart fundamentalen Bedeutung des Beobachters für die Theorie wurde die Frage nach der Objektivität dieser Theorie akut, was wiederum auf das Problem der Materialität jener Objekte führte, deren Verhaltensgesetzmäßigkeiten von ihr abgebildet sind.

Nicht selten wurden von den Vertretern der Kopenhagener Deutung subjektivistische Feststellungen getroffen. So sprach BOHR beispielsweise davon, daß „durch eine weitgehende Vertiefung des Beobachtungsproblems“ der „subjektive Charakter aller Begriffe der klassischen Physik“ klargelegt sei.[60]) Damit aber war man weit über das Ziel hinausgeschossen. Man hatte zwar die aus der Theorieentwicklung der Physik tatsächlich erforderliche Neubewertung der Subjekt-Objekt-Relation in Angriff genommen. Dabei aber wurde der aus der klassischen Physik entstandenen objektivistischen Tendenz eine subjektivistische entgegengesetzt. Das eigentliche philosophische Problem bestand jedoch in einer der Physikentwicklung adäquaten Erfassung der *Subjekt-Objekt-Dialektik.* In der Kopenhagener Deutung wurde auf dieses Problem aufmerksam gemacht; es konnte aber noch nicht bewältigt werden.

Mit der durch das Quantenpostulat nahegelegten Überwindung der metaphysischen Trennung von Subjekt und Objekt hoffte BOHR, Schwierigkeiten in der physikalischen Begriffsbildung zu überwinden, wie sie insbesondere die HEISENBERGschen Unbestimmtheitsrelationen zutage gefördert hatten. Das war aber nur möglich, wenn noch weitergehender Verzicht auf „Anschaulichkeit im gewöhnlichen Sinne“ geleistet wurde.[61]) Damit stand die generelle Frage nach der Anschaulichkeit physikalischer Theorien, die seit PLANCKS hypothetischer Einführung des Wirkungsquantums und EINSTEINS Relativitätstheorie die Physiker immer wieder beschäftigt hatte, in verschärfter Form auf der Tagesordnung.

Die einzige, mit allen zur Verfügung stehenden Experimenten vereinbare Interpretation des Apparates, setzte die BORNsche statistische Deutung der Wellenfunktion voraus. Die Quantengesetze sind damit in einer viel prinzipielleren Weise statistische Gesetze als die bekannten Gesetze der statistischen Physik.[62])

Mit der statistischen Interpretation waren die Auffassungen über das philosophische Kausalitätsproblem engstens verbunden. Es herrschte die Meinung vor, daß die durchgängige Kausalität im Naturgeschehen nicht länger aufrecht zu erhalten sei. Im Formalismus der Quantenmechanik und dessen statistischer Interpretation wurde ein Element eines prinzipiellen Indeterminismus gesehen. Dabei ging man von der mechanistisch-materialistischen Kausalitäts- und Determinismuskonzeption aus.[63]) Die Rolle des Zufalls, verstanden als metaphysische Entgegensetzung zur Notwendigkeit, wurde hervorgehoben und teilweise bis zu Formulierungen von der „Willensfreiheit" des Elektrons überzogen.

Auch das Komplementaritätsprinzip wurde herangezogen, um das Kausalitätsprinzip und gleichzeitig damit das Raum-Zeit-Konzept als antiquierte, in der Quantenphysik nicht mehr aufrecht zu erhaltende philosophische Konzeptionen zu charakterisieren. Wenn man mit BOHR die raum-zeitliche und die kausale Beschreibung als komplementäre Züge innerhalb einer einheitlichen Naturbeschreibung aufzufassen hatte, schienen die Voraussetzungen gegeben zu sein, von Ereignissen außerhalb von Raum und Zeit und von akausalen Ereignissen zu sprechen.

Bis zur Entwicklung der statistischen Interpretation der Quantenmechanik hatten die Physiker die Auffassung vertreten, daß dem Zufall nichts Objektives entspreche, sondern daß ein Ereignis lediglich aus Gründen, die im Bewußtsein zu suchen sind, ein zufälliges Ereignis sein könne. In der Natur selbst, so war man im mechanischen

Materialismus überzeugt, geschehe alles mit Notwendigkeit. SPINOZA bereits hatte diesen Gedanken explizit formuliert: „In der Natur der Vernunft liegt es nicht, die Dinge als zufällige, sondern als notwendige zu betrachten." Daraus zog er den Schluß, „daß es von der Vorstellung allein abhängt, wenn wir die Dinge sowohl rücksichtlich des Vergangenen wie des zukünftigen als zufällig betrachten."[64])

Jetzt aber gab es plötzlich Ereignisse, die man in Übereinstimmung mit der neuen Theorie und zahlreichen experimentellen Bestätigungen als zufällige anzusehen hatte, ohne daß man dafür die Gründe allein in unserer Vorstellung suchen durfte. Letzteres hätte bedeutet, daß die Ereignisse selbst eigentlich mit Notwendigkeit bestimmt seien, aber noch nicht alle das Ereignis determinierenden Faktoren bekannt sind. In der Kopenhagener Deutung jedoch war ein solcher Standpunkt nicht annehmbar, weil daraus offenkundig die Unvollständigkeit der Theorie hätte folgen müssen. Man hatte also mit der Situation fertig zu werden, daß es Ereignisse gab, für die die Theorie Wahrscheinlichkeiten angab und gleichzeitig die Möglichkeit prinzipiell ausschloß, durch Angabe weiterer Parameter diese Wahrscheinlichkeiten bereits in der Theorie zu reduzieren. Die Reduktion der Wellenfunktion (als Maß für die entsprechende Ereigniswahrscheinlichkeit) erfolgt erst in einem Beobachtungsakt, verstanden als einem Akt *physikalischer* Wechselwirkung zwischen zwei materiellen Systemen.

Die Gründe für die prinzipielle Rolle des probabilistischen Elements in der Deutung der quantenmechanischen Wellenfunktion wurden in der Willkür des Schnitts zwischen dem Beobachter und dem Objekt (HEISENBERG), in der Notwendigkeit der makrophysikalischen Verstärkung mikrophysikalischer Ereignisse und der damit zusammenhängenden Unkontrollierbarkeit dieser Wechselwirkung (BOHR) gesehen. Man war sich darin einig, daß dafür die mit dem Quantenpostulat in die Physik hineingetragene Diskontinuität und der damit zusammenhängende Welle-Teilchen-Dualismus verantwortlich zu machen seien.

BOHR hatte mit seinen verschiedentlich gebrauchten Formulierungen vom „irrationalen“ Zug quantenmechanischer Beschreibungen auf der Grundlage eines rationalen Verständnisses atomarer Phänomene und ihrer makrophysikalischen Folgen ungewollt dem Irrationalismus Positionen preisgegeben. In der Folgezeit wurden eine Reihe philosophischer Behauptungen unter Hinweis auf diese BOHRschen Erklärungen verbreitet, die in Wirklichkeit nichts mehr mit der Quantenmechanik selbst zu tun hatten, sondern sich lediglich der von dieser Theorie benutzten Zeichen bedienten.

Insgesamt waren also mit den philosophischen Intensionen der Kopenhagener Deutung der Quantenmechanik zahlreiche der seit zweieinhalb Jahrtausenden behandelten philosophischen Grundprobleme unmittelbar angeschnitten. Zunächst und vor allem ging es darum, ob der Idealismus oder der Materialismus als philosophisch-weltanschauliche Grundlage der modernen Physik zu wählen sei. Die explizit philosophischen Stellungnahmen führender Physiker schienen den Idealismus zu favorisieren. Damit wurden zugleich Einwände gegen die Gültigkeit des Kausalitätsprinzips und gegen den durchgängig gültigen Determinismus vorgebracht.

Im Zusammenhang mit diesen Einwänden ging es eigentlich um die Rolle der materialistischen Dialektik, um die Widerspiegelung objektiver Dialektik der Natur in den entsprechenden physikalischen Theorien. Darüber aber wurde unter den Physikern, die maßgeblich an der Entwicklung der Quantenmechanik beteiligt waren, zunächst kaum diskutiert. Sie waren in der Regel mit dialektikfeindlichen philosophischen Strömungen konfrontiert. Wenn die ihnen gegenübertretenden Schulphilosophen dialektisches Gedankengut vermittelten, dann in naturphilosophisch spekulativer Form.

In der physikalischen Forschung selbst aber stieß man bei der Diskussion der erkenntnistheoretisch-methodologischen Fragestellungen mehrfach auf den Zwang zur Dialektik. Erinnert sei an das Korrespondenzprinzip, das Beobachtbarkeitsprinzip, die Unbestimmtheitsrelationen, die Subjekt-Objekt-Problematik im Zusammenhang mit der Meßproblematik, das Komplementaritätsprinzip, den Welle-Teilchen-Dualismus u. a.

Darüber hinaus zeugt die Gesamtgeschichte der Herausbildung und Entwicklung der Quantentheorie und insbesondere der Quantenmechanik vom Zwang zu einem dialektischen Verständnis des Erkenntnisprozesses, der sich heute in vielfach gebrochener Weise selbst in den neopositivistisch orientierten wissenschaftsphilosophischen Spezialuntersuchungen nachweisen läßt. Erst der dialektische Zusammenschluß von Experiment und Theorie, vermittelt über die im einzelnen zu analysierenden Bindeglieder Modell, Hypothese und Gedankenexperiment, läßt den Prozeß der Herausbildung der neuen Theorie verständlich werden.[65]) Metaphysische Vereinfachungen in empiristischer und rationalistischer Sicht sind gleichermaßen unfruchtbar.

So wie die Einführung des Quantenpostulates durch Planck mit den normativen Festlegungen Machscher Erkenntnistheorie unvereinbar war, stellten auch die Aufgabe quasiklassischer Versuche zur Lösung der quantentheoretischen Probleme und die Herausbildung eines prinzipiell neuen theoretischen Ansatzes in der Quantenmechanik keine Realisierungen des von Mach, Duhem u. a. begonnenen methodologischen Programms dar. Die Quantenmechanik ist zugleich aber auch nicht als rein theoretischer Entwurf im Sinne eines rationalistischen Konzepts entstanden. Sie stellt entgegen empiristischen und rationalistischen Versionen neopositivistischer Methodologie die Konsequenz eines in seiner Gesamtheit einheitlichen, aber größtenteils arbeitsteilig betriebenen experimentellen und theoretischen Forschungsprozesses dar, der sich über drei Jahrzehnte zurückverfolgen läßt.[66])

Die unmittelbare Herausbildung der Quantenmechanik in den Jahren 1925—1927 ist ein Beleg für die relative

Eigenständigkeit theoretischer Forschung. Zahlreiche Einzelschritte dieser Entwicklung entsprangen nicht der unmittelbaren Anregung durch das Experiment, wären aber ohne die enge Bindung der Theorie an das Experiment nichts weiter als belanglose Spekulationen geblieben. Daß man sich in dieser Forschung immer mehr von der bis dahin in der Physik geltenden Vorstellung der Anschaulichkeit entfernte, zeigt erneut die Notwendigkeit, tiefer in die *Dialektik* des entsprechenden Erkenntnisprozesses einzudringen.

Am Abschluß des betrachteten physikalischen Forschungsprozesses stand die nichtrelativistische Quantenmechanik, die bis heute ohne Modifikation erfolgreich innerhalb ihres Gültigkeitsbereichs angewandt wird. Sie stellte einen neuen Schritt beim Eindringen in die physikalischen Gesetzmäßigkeiten der Natur dar. Mit dieser Theorie wurde ein erster erfolgreicher Vorstoß in den Mikrokosmos unternommen; neue Einsichten in die Dialektik der Natur konnten gewonnen werden.

Die Kopenhagener Deutung der nichtrelativistischen Quantenmechanik stellte vor allem ein handhabbares Werkzeug für alle Anwendungsprobleme der neuen Theorie dar, warf aber zahlreiche Fragen auf. Die weiteren von der Quantenmechanik provozierten philosophisch-weltanschaulichen und erkenntnistheoretisch-methodologischen Diskussionen waren immer zugleich auch eine Auseinandersetzung mit dieser Deutung. Dabei entstand zeitweise der Eindruck, daß jegliche Kritik an dieser Deutung auf eine Ablehnung der gesamten physikalischen Theorie hinauslaufen müsse.

4. Tendenzen in den philosophischen Auseinandersetzungen um die Quantenmechanik

4.1. Erste Lehrbuchdarstellungen und Monographien

Während die Quantenmechanik vor 1925 vor allem als „naturgemäße Verallgemeinerung der klassischen Mechanik" (BOHR)[1]) bzw. als eine „Einschränkung der klassischen Mechanik" (SOMMERFELD, EHRENFEST)[2]) angesehen wurde, galt die von der klassischen Mechanik so prinzipiell abweichende Quantenmechanik nach 1925 oft als etwas völlig Neues im Theoriengebäude der Physik. Hatte man bis 1925 die erkenntnistheoretisch-methodologischen Probleme der Quantentheorie nicht von denen der übrigen Physik abgehoben und war man bis 1925 der Überzeugung, daß die Quantentheorie keines anderen philosophisch-weltanschaulichen Fundaments bedarf als auch die übrigen Teile der Physik, so wurden nach 1925 unter dem Eindruck des revolutionären Umbruchs im Theoriengebäude der Physik zunehmend die von der Quantenmechanik implizierten philosophischen Fragestellungen als Spezialprobleme verselbständigt. Es kam sowohl unter den Physikern als auch zwischen Physikern und Philosophen zu vielfältigen Meinungsverschiedenheiten, in denen sich die jeweiligen philosophischen Traditionen auswirkten. Durch die Neuheit der physikalischen Problemstellungen wurden traditionelle Standpunkte oftmals erheblich modifiziert. Die vielfältigen philosophischen Positionen, die auf die eigentliche Entwicklung der Quantenmechanik direkten oder indirekten Einfluß hatten, wirkten nun in einer vielfach vermittelten Weise fort.

PLANCK, SOMMERFELD und SCHRÖDINGER kamen aus der Tradition des physikalischen Forschungsprogrammes des mechanischen Materialismus, die ihnen vor allen über BOLTZMANN vermittelt wurde. Sie hatten die von MACH ausgegangene Kritik am mechanischen Materialismus nachvollzogen und fanden frühzeitig zu einer relativ kritischen Distanz gegenüber den wesentlichen Punkten des idealistischen, undialektischen Ansatzes, der im Neopositivismus weiterlebte. EINSTEIN teilte zwar ihre kritische Haltung gegenüber der empiristischen Tendenz des Neopositivismus und betonte immer wieder die Notwendigkeit eines philosophischen Realismus. Er verdankte philosophisch jedoch MACH sehr viel mehr als PLANCK, SOMMERFELD und SCHRÖDINGER.

Außerordentlich vielfältig waren die Wurzeln des philosophischen Denkens von BOHR. Über den Existentialismus KIERKEGAARDS waren ihm dialektische Einsichten nahegebracht. Sein relativ intensives Philosophiestudium führte dazu, daß er der Weltanschauungsfeindlichkeit des Positivismus von vornherein kritisch gegenüberstand. Anders hingegen BORN, HEISENBERG und JORDAN. Für sie lag trotz ihres philosophischen Interesses eine Faszination an der Vorstellung, eine Reihe traditioneller philosophischer Positionen über empiristische Entscheidungskriterien aus der Wissenschaft zu verbannen. Während BORN und HEISENBERG diese einseitige Orientierung recht schnell überwanden, wirkte sie bei JORDAN viel länger und intensiver nach.

Insgesamt war die Vielfalt der philosophischen Auffassungen unter den Physikern außerordentlich groß, die Beiträge zur Herausbildung der Quantentheorie, zur Entstehung und Entwicklung der Quantenmechanik geleistet hatten. Mit der Diskussion der vorliegenden, relativ abgeschlossenen, neuen Theorie engte sich diese Vielfalt aber zeitweise erheblich ein. Es kam zwischen Anhängern und Gegnern der Kopenhagener Deutung zu einer Polarisierung der positivistischen und der mechanistisch-materialistischen Tendenzen.

Dieser Prozeß hatte sich bereits am Vorabend des revolutionären Umbruchs in der evolutionären Entwicklung der Quantentheorie angekündigt. Er fand nun seinen Niederschlag in den ersten Lehrbüchern und Monographien zur Quantenmechanik, sowie in zahlreichen populärwissenschaftlichen Darstellungen der neuen Erkenntnisse.

Gegen Ende der 20er Jahre entstanden mehrere Lehrbücher und Überblicksarbeiten, die die Quantenmechanik einseitig als Wellenmechanik darstellten,[3]) und einige wenige, einseitige Darstellungen der Quantentheorie als Korpuskeltheorie.[4]) Physikalisch waren diese Darstellungen mit der trotz des Äquivalenzbeweises für Wellen- und Matrizenmechanik noch nicht völlig überwundenen Vorliebe für das eine oder andere Modell verbunden. Philosophisch war in den Lehrbüchern, die die Wellenmechanik bevorzugten, eine mechanistisch materialistische Stoßrichtung mit verschiedentlich klar formulierten antipositivistischen Erklärungen charakteristisch. In den anderen Werken hingegen wurde die Matrizenmechanik in der Regel mit einer positivistischen Argumentation gegenüber der Wellenmechanik bevorzugt. Später gab es dann auch einige Versuche, den Korpuskelcharakter der Mikroobjekte auf mechanistisch-materialistischer Basis an den Ausgangspunkt physikalischer Lehrbuchdarstellungen zu stellen.

Vom Standpunkt des für die Kopenhagener Deutung charakteristischen Welle-Teilchen-Dualismus war es nicht schwer, den physikalisch gesicherten Gehalt jener, die Wellen- oder Matrizenmechanik favorisierenden Lehrbücher zu synthetisieren.[5]) Dabei kam es im Zusammenhang mit weiterführenden mathematischen Untersuchungen[6]) in einzelnen Lehrbüchern zunehmend zu positivistischen Tendenzen.

Extrem positivistische Auffassungen wurden vor allem von JORDAN vertreten. 1936 charakterisierte er das Verhältnis der positivistischen Methode und der Ergebnisse der Quantenphysik in Fortführung all seiner bis dahin erschienenen Publikationen als das einer wechselseitigen Bestätigung.[7]) Dabei meinte er mit der „positivistischen Methode“ die erkenntnistheoretische Einstellung BOHRS und HEISENBERGS, die durch MACH entscheidend vorbereitet worden sei. Zwar wären Unterschiede zwischen MACHS Gedanken und denen der Quantentheoretiker feststellbar. Wichtiger aber seien die Gemeinsamkeiten. Das ist eine bis heute von JORDAN vertretene Auffassung. 1972 stellte er beispielsweise fest, daß HEISENBERGS Programm von 1925 für ihn von Anfang an die Notwendigkeit zeigte, einerseits die reale Existenz von Atomen anzuerkennen (im Gegensatz zu MACH — U. R.), und andererseits MACHS erkenntnistheoretischen Forderungen nachzukommen.[8])

Mit JORDANS frühen Arbeiten beginnt die inzwischen in mehreren physikhistorischen Darstellungen anzutreffende Auffassung, daß erst die „positivistische Methode" die Quantenmechanik ermöglicht habe. JORDAN selbst teilte in vielem das Schicksal jener Theoretiker, die meinten, der Positivismus sei besonders gut geeignet, philosophische Fragen der Wissenschaftsentwicklung zu lösen. Er unterstellte zumeist die angeblich eliminierenden „Scheinprobleme" in ihrer subjektiv-idealistischen Lösung (teilweise unter Berufung auf HUME). Dadurch geriet er sowohl mit seiner „Lösung" des Realitätsproblems als auch der Determinismusproblematik[9]) faktisch in Widerspruch zu den neuen physikalischen Erkenntnissen und bereitete den fließenden Übergang zu irrationalistischen Konsequenzen vor. Das „mechanistische Moment zum Positivismus neigender Methodologie"[10]) mündete bei ihm in eine religiöse Naturphilosophie,[11]) die sich zu Unrecht auf die moderne Physikentwicklung beruft.

In weitaus schwächerer Form als bei JORDAN tauchten in dem Bestreben, eine neue, der Quantenmechanik adäquate Philosophie zu entwickeln, positivistische Gedankengänge auch bei BOHR, BORN und HEISENBERG auf. Gleichzeitig wurden von ihnen aber in echt antipositivistischer Stoßrichtung philosophisch-weltanschauliche Problemlösungen verschiedener Schulphilosophien auf ihre Brauchbarkeit für eine „Philosophie der Quantenmechanik" geprüft.

P. A. M. DIRAC, der weitestgehend unabhängig von

den Göttinger Physikern den Apparat und das Verständnis der Quantenmechanik vertieft hat und mit seinem LORENTZ-invarianten Bewegungsgesetz für das Elektron Wesentliches für die relativistische Fassung der Quantentheorie geleistet hat, war in seinen philosophischen Äußerungen relativ zurückhaltend. Er hatte keine entscheidenden Differenzen zur Kopenhagener Deutung der Quantenmechanik, drückte aber die Kerngedanken dieser Deutung teilweise vorsichtiger aus als BOHR und HEISENBERG. Mit den extremen Formulierungen JORDANS, der neben DIRAC wesentliche Beiträge zur Transformationstheorie geleistet hatte, waren die entsprechenden Äußerungen in dem einflußreichen DIRACschen Lehrbuch nicht zu vergleichen.[12])

DIRAC schrieb beispielsweise über die Grundgesetze der Physik: Sie „beziehen sich nicht ganz unmittelbar auf eine Welt, die wir uns in Raum und Zeit vorstellen können, sondern diese Gesetze gelten für ein Etwas, von dem wir uns keine anschauliche Vorstellung machen können ohne ganz unwesentliche Züge mit aufzunehmen."[13]) Das brachte ihn aber nicht zu agnostizistischen Schlußfolgerungen, sondern vielmehr zu Feststellungen über die Form der in den Gleichungen der Physik zum Ausdruck kommenden Gesetze. Er bemerkte, daß der Fortschritt der Physik dahin geht, die Gleichungen so zu verändern, daß sie bei immer allgemeineren Transformationen invariant bleiben. Dies war für ihn eine philosophisch außerordentlich befriedigende Entwicklung, „denn sie läßt immer deutlicher erkennen, bis zu welchem Grade der Beobachter die Regelmäßigkeiten selbst schafft, die er in den Beobachtungen vorfindet, und wie gering andererseits die Willkür ist, die in den Naturgesetzen verbleibt."[14])

Entgegen den aus BOHRS, HEISENBERGS, JORDANS u.a. Äußerungen über die Rolle des Beobachters erwachsenden subjektivistischen Gefahren machte DIRAC auf eine Möglichkeit aufmerksam, einem mindestens seit HUME vielfach aufgegriffenen erkenntnistheoretischem Problem zu begegnen. Die erkannten Naturgesetze sind einerseits Resultat unseres Erkenntnisprozesses und tragen daher folglich auch Spuren dieses Prozesses selbst. Sie sind aber zugleich Widerspiegelungen objektiver, also vom Subjekt unabhängiger allgemein-notwendiger und wesentlicher Beziehungen. Der subjektive Idealismus HUMES hatte ausschließlich die Tätigkeit des erkennenden Subjekts betont und lehnte jegliche, von dieser Tätigkeit unabhängig existierende objektive Beziehungen in der Natur ab. Der mechanische Materialismus hatte die Existenz objektiver Gesetze hervorgehoben und vernachlässigte den Prozeß ihrer Erkenntnis. Daher kam es auf dieser Grundlage leicht zur Verdinglichung der Gesetze als selbständiger Wesen. Ein dialektisch-materialistisches Herangehen erst erlaubt es, einerseits die Objektivität der Gesetze herauszuarbeiten und andererseits die Rolle des Subjekts bei der Erkenntnis dieser in den Erscheinungen selbst zum Ausdruck kommenden objektiven gesetzmäßigen Beziehungen zu berücksichtigen. Die von DIRAC aus der Entwicklung der Physik abgelesene Tendenz verdeutlicht, wie die tatsächliche Gesetzeserkenntnis immer umfassender diese Dialektik zu erkennen gestattet.

Im Unterschied zu HEISENBERGS platonistischer Überhöhung der Rolle der Mathematik galt DIRAC ebenso wie BOHR die Mathematik als „Werkzeug, das der Arbeit mit abstrakten Begriffen irgendwelcher Art besonders angepaßt ist“. Dabei — so betonte er — gebe es keine Grenzen ihrer Leistungsfähigkeit.[15]) Die Mathematik sollte jedoch trotz des abstrakten Charakters der Quantenmechanik nicht für deren physikalische Gedanken stehen.

Aber auch DIRACS Darstellungen waren nicht frei von positivistischen Gedankengängen. — Insgesamt wäre es allerdings falsch, wollte man der seit 1927 auf der Grundlage der Kopenhagener Deutung der Quantenmechanik entstandenen Lehrbuchliteratur das schulphilosophische Verdikt „positivistisch“ zuordnen. Die Quantenmechanik war nicht das Resultat positivistischen Vorgehens. Die komplizierte Dialektik des Erkenntnisprozesses kam, in unterschiedlichem Grade vermittelt, noch in den Originalarbeiten zum Ausdruck, was auch in bestimmten Grenzen auf die ersten zusammenfassenden Darstellungen ausstrahlte. Mit der Notwendigkeit zur Vereinfachung der Problemsicht schien aber zugleich eine „positivistische Läuterung" einherzugehen. Einfacher als eine philosophische Analyse war die Feststellung zu treffen, das Realitäts- und das Kausalitätsproblem seien durch die Physikentwicklung überholte philosophische Konzeptionen. So wie aber die positivistischen Schulphilosophen nirgends zu tatsächlich positivistischer Elimination philosophisch-weltanschaulicher Positionen imstande waren, stießen auch die Physiker vielfach auf den Zwang zur philosophischen Reflexion. Man denke innerhalb der Kopenhagener Deutung etwa an die Subjekt-Objekt-Problematik.

Im Endeffekt entstand also das komplizierte und außerordentlich widersprüchliche Bild von den positivistischen Eliminationsversuchen philosophisch-weltanschaulicher Auffassungen und der diesen Bemühungen völlig unvereinbaren philosophischen Reflexionen. Da ersteres aber vor allem für die Lehrbuchliteratur charakteristisch war, während die philosophischen Reflexionen in den Vorworten und in populärwissenschaftlichen Arbeiten angestellt wurden, entstand auf der Grundlage zusammenfassender Darstellungen physikalischer Erkenntnisse der Eindruck, *in* der neuen Theorie und ihrer handhabbaren Interpretation, sei die ursprüngliche Vielfalt philosophischer Positionen auf einen positivistischen Rest zusammengeschrumpft.

Wenn dann beispielsweise JORDAN hervorhob, daß die Gegner der Quantenmechanik in ihrer Kopenhagener Deutung zugleich auch Verfechter des Antipositivismus seien (was unbestritten für EINSTEIN, SCHRÖDINGER, v. LAUE und PLANCK zutraf), so war damit scheinbar die Auseinandersetzung um die Haltung zur Quantenmechanik philosophisch mit einer Auseinandersetzung um die Rolle des Positivismus in der modernen Physik gleichzusetzen. Das konnte man auch den Äußerungen EINSTEINS, SCHRÖDINGERS, v. LAUES und PLANCKS entnehmen.

4.2. Kritik an der Kopenhagener Deutung durch die Physiker

Nach 1927 trat die Quantenmechanik ihren Siegeszug an. Dabei war im wesentlichen die von BOHR, BORN und HEISENBERG erarbeitete Deutung des neuen Formalismus ein wichtiges Handwerkszeug, das mit dem zunehmenden Erfolg in zahlreichen Anwendungsgebieten ebenso unantastbar erschien wie der mathematische Apparat der neuen Theorie selbst.

Die nach 1927 ausgebildete Physikergeneration wurde bereits im Studium mit den neuartigen Gedankengängen konfrontiert und gewöhnte sich daran, in der Quantenmechanik eine abgeschlossene physikalische Theorie zu sehen. Die mit der neuen Theorie verbundenen Besonderheiten (Welle-Teilchen-Dualismus, prinzipiell statistische Interpretation, Unbestimmtheitsrelationen, Problematik des Meßprozesses und Rolle des Beobachters) wurden relativ schnell zu nur noch selten diskutierten und hinterfragten Selbstverständlichkeiten der weiteren physikalischen Forschung.

In der Quantenphysik sah man eine neue Basis für die Einheit der Physik in der Einheit ihrer Theorien und Methoden. Die nichtrelativistische Quantenmechanik war die erste in sich geschlossene, widerspruchsfreie Quantentheorie, deren Erkenntnisse sich in bester Übereinstimmung mit allen experimentellen Resultaten befanden. Für viele Physiker war die Quantenmechanik auf der Grundlage der Kopenhagener Deutung ein theoretisch befriedigendes Fundament zu weiteren Vorstößen im Bereich der Mikrophysik.

Angesichts der revolutionären Neuerungen, die die

Quantenmechanik in die Physik hineingetragen hatte, konnte aber unmöglich erwartet werden, daß ihr alle Physiker unvoreingenommen zustimmen werden. Insbesondere stellten die philosophischen Auffassungen der Kopenhagener Deutung eine Herausforderung dar, die auch Widerspruch provozieren mußte.

Für die ablehnende Haltung gegenüber der neuen Theorie und ihrer statistischen Deutung durch eine Reihe von Physikern gab es unterschiedliche Gründe, die im einzelnen jeweils konkret zu analysieren wären. Sicher spielte verschiedentlich auch das Unverständnis der prinzipiell neuen Gedanken eine gewisse Rolle. Ein adäquates Verständnis der Quantenmechanik war insbesondere für jene Generation von Physikern nicht einfach, die in der Tradition des physikalischen Forschungsprogramms des mechanischen Materialismus erzogen waren und in dessen positivistischer Kritik seit MACH keine Möglichkeiten zur Überwindung der seit der Jahrhundertwende aufgetauchten Schwierigkeiten sahen.

Im weiteren kommt es vor allem darauf an, die philosophischen Gründe für die Kritik der Kopenhagener Deutung durch einige Physiker zu untersuchen. Die Details ihrer physikalischen Argumentation sind in der Literatur ausführlich behandelt.[16]) Dabei entsteht aber oft der von den Anhängern der Kopenhagener Deutung maßgeblich bestimmte Eindruck, daß diese Auseinandersetzungen ausschließlich ein Rückzugsgefecht der Gegner der Theorie waren. Zahlreiche, aus physikalischen Gründen nicht aufrecht zu erhaltende Einwände gegen die Quantenmechanik wurden im Verlaufe dieser Diskussionen auch tatsächlich zurückgenommen bzw. relativiert. Damit ist jedoch noch nicht die Berechtigung der Auseinandersetzung um die Grundlagenfragen der Quantenmechanik in Frage gestellt. Bis heute sind einige der im Verlaufe dieser Diskussionen vorgebrachten Argumente noch nicht so entkräftet, daß eine Modifikation der Quantenmechanik eindeutig ausgeschlossen werden muß. — Vor allem aber haben diese Auseinandersetzungen dazu beigetragen, die positivistischen Tendenzen teilweise zurückzudrängen und in antipositivistischer Stoßrichtung philosophisch-weltanschauliche Fragen wieder als wissenschaftlich zu behandelnde Probleme anzugehen. Dabei werden nach wie vor von den Physikern unterschiedliche philosophische Ausgangspositionen vertreten.

Wegen der zentralen Bedeutung, die den Debatten von Einstein und Bohr in den philosophischen und physikalischen Auseinandersetzungen um die Kopenhagener Deutung der Quantenmechanik zukommen, sollen diese Diskussionen hier exemplarisch für zahlreiche andere stehen. Damit geht keine wesentliche Einschränkung des Gehalts der Auseinandersetzungen einher, die von den Physikern um die Kopenhagener Deutung geführt wurden. Die wichtigsten Probleme der physikalischen Gegner dieser Deutung hat Einstein aufgegriffen. Obgleich sich seine philosophisch-weltanschauliche Position vor allem in einigen erkenntnistheoretischen Details von der Plancks, Schrödingers und v. Laues unterschied, können aber die von ihm in der Debatte vorgetragenen philosophischen Intensionen auch für die der anderen genannten Physiker stehen. Insofern kam also in der Einstein-Bohr-Debatte eine von Einstein, Planck, Schrödinger, v. Laue u. a. akzeptierte philosophische Position zum Tragen, von der aus die Quantenmechanik insbesondere in ihrer Kopenhagener Interpretation unbefriedigend war.

Einstein fühlte sich wie Planck und Schrödinger spontan-materialistischen Auffassungen verpflichtet. Seine eigenen, recht bedeutungsvollen Arbeiten zur Statistik gingen konsequent den von Planck eingeschlagenen Weg (von Mach zu Boltzmann) weiter. Während aber Boltzmann noch die Möglichkeit prinzipiell statistischer Gesetze auf der Ebene von einzelnen Elementen einer Gesamtheit diskutierte und lediglich als relativ unwahrscheinlich angesehen hatte, fand Einstein in der Beibehaltung des Determinationstyps der klassischen Physik sowohl in seiner relativistischen Erweiterung der klassischen Mechanik als auch in seiner Gravitationsgleichung ihm untrüglich erscheinende Hinweise für die Richtigkeit der PLANCKschen Position zum Verhältnis dynamischer und statistischer Gesetze. Deshalb suchte er die Lösung des Quantenproblems ebenso wie SCHRÖDINGER in einer Kontinuumsgleichung und war, nachdem anfängliche Zweifel ausgeräumt werden konnten, schnell von der Fruchtbarkeit des wellenmechanischen Ansatzes überzeugt. Damit wurde er in die Auseinandersetzungen um die Berechtigung der beiden unabhängig voneinander entwickelten quantenmechanischen Formalismen hineingezogen.[17])

BOHR, BORN, HEISENBERG, JORDAN und DIRAC hatten die raum-zeitliche Beschreibung inneratomarer Prozesse aufgegeben und damit ein wesentliches Element des physikalischen Forschungsprogramms des mechanischen Materialismus mit teilweise positivistischer Begründung außer Kraft gesetzt. EINSTEIN, SCHRÖDINGER, PLANCK und v. LAUE ging das zu weit. Sie empfanden diesen Schritt als unzulässige Abweichung von den traditionellen erkenntnistheoretischen Positionen der Physik. Mit unterschiedlicher Argumentation hielten sie an dem Standpunkt fest, daß die Physik als eine Wissenschaft, die objektive Naturgesetze erforscht, eine bewußtseinsunabhängig existierende Außenwelt in Raum und Zeit voraussetzen muß. Die Wissenschaftlichkeit des physikalischen Vorgehens schien für sie Zweifel am Kausalgesetz und an der Möglichkeit raum-zeitlicher Beschreibungen aller Prozesse nicht zuzulassen.

Für EINSTEIN fiel das HEISENBERGsche Beobachtbarkeitsprinzip von 1925 ebenso wie für SCHRÖDINGER mit einer unerfüllbaren empiristischen Forderung des logischen Neopositivismus zusammen. Während aber EINSTEINS kritische Bemerkungen nach HEISENBERGS eigenen Angaben die Entwicklung der Unbestimmtheitsrelationen gefördert haben, wirkten SCHRÖDINGERS kritische Anmerkungen zu den erkenntnistheoretischen

Positionen des HEISENBERGschen Programms beim weiteren Ausbau der Quantenmechanik eher destruktiv.

Der Beginn der berühmt gewordenen, öffentlich ausgetragenen EINSTEIN-BOHR-Debatten lag im Oktober 1927 während des 5. Solvay-Kongresses in Brüssel. BOHR hatte dort die kurz zuvor erstmalig zusammenhängend vorgetragenen Grundgedanken der Kopenhagener Deutung noch einmal referiert und besonders die Rolle des Komplementaritätsprinzips hervorgehoben. EINSTEIN griff erst sehr spät in die Diskussion ein. Mit einem einfachen Gedankenexperiment machte er auf die Problematik der Reduktion der Wellenfunktion aufmerksam, um die entscheidende Frage der weiteren Auseinandersetzungen zu begründen. Es ging zunächst und vor allem um die Vollständigkeit der neuen Theorie.

Die Kopenhagener Deutung setzte die Vollständigkeit der nichtrelativistischen Quantenmechanik voraus. Danach sollten Voraussagen zukünftiger Meßergebnisse an Objekten im Gültigkeitsbereich der Theorie ausgeschlossen sein, die mehr Informationen enthalten als die von der Quantenmechanik gelieferten. Insbesondere sollten keinerlei Präzisierungen der Voraussagen über Einzelereignisse möglich sein. Weiterhin durften nirgends die HEISENBERGschen Unbestimmtheitsrelationen durchbrochen werden, eine raum-zeitliche Beschreibung inneratomarer Prozesse prinzipiell unmöglich sein, Quanten*sprünge* sollten tatsächlich existieren und nicht anders als durch Angabe der entsprechenden Übergangswahrscheinlichkeiten kalkulierbar sein. Das schienen EINSTEIN und anderen Kritikern unannehmbare Voraussetzungen.

Nach der Kopenhagener Deutung der Quantenmechanik ändert sich die Wellenfunktion im Augenblick einer Beobachtung des damit beschriebenen Objektes. Eine der Verhaltensmöglichkeiten dieses Objektes wird in der Beobachtung realisiert. Dieser Prozeß ist dadurch irreversibel, daß die mikrophysikalischen Ereignisse im Beobachtungsakt makrophysikalisch fixiert werden.

Mit der Beobachtung eines bestimmten Ereignisses verschwinden augenblicklich alle anderen vorher vorhandenen Möglichkeiten für das Verhalten dieses Objektes. Die Wellenfunktion wird reduziert auf jenen für dieses Ereignis verantwortlichen Teil.

Angesichts dieses Sachverhalts ergab sich nun für Einstein die Frage, ob eine Theorie, die viele Möglichkeiten für Versuchsausgänge unter konkreten Bedingungen und die jeweiligen Wahrscheinlichkeiten anzugeben vermag, vollständig sein kann, wenn sie nicht die Möglichkeit offenläßt, das einzelne Beobachtungsergebnis noch genauer vorauszusagen. Es ist klar, daß in *jedem* Beobachtungsakt *ein* bestimmtes Ergebnis erzielt wird. Die gegenwärtige Theorie gibt die Wahrscheinlichkeit für die Realisierung aller unter konkreten Bedingungen zugelassenen Möglichkeiten an. Sollte es aber im weiteren Erkenntnisfortschritt nicht möglich sein, genauere Angaben darüber zu erzielen, welche Möglichkeit Wirklichkeit wird?

Die Kopenhagener Deutung nimmt zu dieser Frage eindeutig Stellung, indem sie eine solche Erweiterung der Theorie prinzipiell ausschließt. Der von Einstein selbst wiederholt geäußerte Gedanke, daß erst die Theorie bestimmt, was beobachtet werden kann, wurde zum unumstößlichen erkenntnistheoretisch-methodologischen Prinzip dieser Deutung der Quantenmechanik. Einsteins Polemik gegen die Kopenhagener Deutung zeigt sehr klar, daß es ungerechtfertigt ist, dem Vater dieses Gedankens vorzuwerfen, er habe damit die relative Eigenständigkeit der Theorien idealistisch überhöht. Das blieb Methodologen vorbehalten, die dieses Prinzip auf einer positivistischen Grundlage aufnahmen.[18]) Einstein galten physikalische Theorien als Wiederspiegelungen objektiver, in Raum und Zeit ablaufender Vorgänge.

Die Quantenmechanik aber paßte in ihrer Kopenhagener Deutung nicht in dieses Bild. Beginnend mit dem 5. Solvay-Kongreß schlug Einstein Gedankenexperimente vor, die die prinzipielle Möglichkeit von

Beobachtungen demonstrieren sollten, welche nicht an die HEISENBERGschen Unbestimmtheitsrelationen gebunden waren. Von BOHR konnte gezeigt werden, daß keines der vorgeschlagenen Experimente geeignet war, die Unvollständigkeit der Quantenmechanik über eine Verletzung der HEISENBERGschen Unbestimmtheitsrelationen nachzuweisen.

EINSTEINS Versuche sind nicht allein geblieben. Zahlreiche andere Gedankenexperimente wurden ersonnen und führten schließlich immer wieder zu dem Resultat, daß eine Verletzung der Unbestimmtheitsrelationen nicht zu erwarten ist. Diese Konsequenz der Quantenmechanik gehört also zu den Errungenschaften des physikalischen Denkens, die durch den weiteren Erkenntnisfortschritt kaum aufgehoben werden dürften. Vorschläge von Gedankenexperimenten zum Beweis der Verletzung der HEISENBERGschen Unbestimmtheitsrelationen innerhalb des Gültigkeitsbereichs der Quantenmechanik haben inzwischen etwa einen solchen Stellenwert wie Vorschläge zur Konstruktion eines Perpetuum mobile.

Mit dem Scheitern dieser Versuche aber waren EINSTEINS Vorbehalte gegen die neue Theorie noch nicht abgebaut. 1927 schien es in Übereinstimmung mit der Kopenhagener Deutung so, als sei die Quantenmechanik eine Theorie über unser Wissen von den Mikroobjekten. Gegenstand der Theorie war nach dieser Deutung nicht das Verhalten der Subjekt-unabhängigen Objekte, sondern das Wissen des Subjekts über das Verhalten von Objekten in der Wechselwirkung mit den von ihm ausgewählten Beobachtungsmitteln. Die für BOLTZMANN, PLANCK u. a. in der Auseinandersetzung mit dem Positivismus MACHS so wichtige Frage einer unabhängig vom Subjekt real existierenden Außenwelt schien bedeutungslos, die Auseinandersetzung mit dem Positivismus überflüssig zu sein. Damit jedoch gab sich EINSTEIN nicht zufrieden.[19])

Nach seinen ersten Auseinandersetzungen mit den

Anhängern der Kopenhagener Deutung schrieb er SCHRÖDINGER 1928 resignierend: „Die HEISENBERG-BOHRsche Beruhigungsphilosophie — oder Religion? — ist so fein ausgeheckt, daß sie dem Gläubigen einstweilen ein sanftes Ruhekissen liefert, von dem er sich nicht so leicht aufscheuchen läßt. Also lasse man ihn liegen.“[20]) Das aber tat EINSTEIN nicht; sondern schon 1930 auf dem 6. Solvay-Kongreß fuhr er fort, an den physikalischen Grundfesten der Kopenhagener Interpretation zu rütteln. Dabei machte er dieselben Erfahrungen wie drei Jahre vorher. Keines seiner vorgebrachten Argumente hat die Anhänger der Kopenhagener Deutung gezwungen, den physikalischen Kern ihrer Auffassung zu modifizieren.

Wenn EINSTEIN bis an sein Lebensende Zweifel an der Endgültigkeit der nichtrelativistischen Quantenmechanik hegte, so war das gewiß nicht in erster Linie jenen zahlreichen Neufassungen der Theorie geschuldet, die deren bisherige Fassung präzisieren sollten.[21]) Vielmehr war EINSTEINS kritische Haltung erkenntnistheoretisch motiviert und wurde physikalisch mit einem 1935 von ihm zusammen mit PODOLSKY und ROSEN vorgeschlagenen Gedankenexperiment begründet[22]) (EPR-Einwand). Der EPR-Einwand wird in Gestalt verschiedener Fassungen von Experimenten mit Interferenzphänomenen weit voneinander separierter Systeme bis heute kontrovers diskutiert.[23])

EINSTEIN faßte 1949 seine Position zur Quantenmechanik und ihrer Deutung zusammen. Dabei betonte er, es sei dies „die einzige gegenwärtige Theorie, welche die Erfahrungen über den Quantencharakter der mikromechanischen Vorgänge einheitlich zu begreifen gestattet.“[24]) Es stand für ihn fest: „Die in dieser Theorie gegebenen formalen Zusammenhänge — das heißt ihr ganzer mathematischer Formalismus — müssen wohl in jeder zukünftigen brauchbaren Theorie in Form von logischen Folgerungen enthalten sein.“[25]) Alle Versuche, die HEISENBERGschen Unbestimmtheitsrelationen innerhalb des Gültigkeitsbereichs der Quantenmechanik außer Kraft zu setzen, waren nun auch von ihm endgültig aufgegeben: „Die Theorie ist bisher die einzige, welche den korpuskularen und undulatorischen Doppelcharakter der Materie logisch befriedigend vereinigt, und die in ihr enthaltenen (prüfbaren) Beziehungen sind nach Maßgabe der durch die Unbestimmtheitsrelation gesetzten natürlichen Grenzen *vollständig*."[26])

Trotzdem war die Situation für EINSTEIN alles andere als befriedigend. Physik galt ihm als „eine Bemühung, das Seiende als etwas begrifflich zu erfassen, was unabhängig vom Wahrgenommen-Werden gedacht wird."[27]) Dieses unabhängig vom „Wahrgenommen-Werden gedachte" war das „Physikalisch-Reale", ein Begriff der in der klassischen Physik ohne weiteres verständlich ist, da dort die mit der Einwirkung eines Meßinstruments verbundene Veränderung des Zustandes eines physikalischen Objektes so klein ist, daß der Zustand unabhängig von seiner Beobachtung definiert werden kann. Das aber ist, wie BOHRS Überlegungen gezeigt haben, in der Quantenmechanik nicht mehr der Fall. Was also bedeutet das „Physikalisch-Reale" für die Quantenmechanik und hat es dort überhaupt noch einen Sinn?

In der Kopenhagener Deutung hatte man diesen Begriff mit positivistischer Begründung eliminiert und den Beobachter in prinzipieller Weise in die Theorie eingebracht. Damit aber konnte das von EINSTEIN formulierte Programm der Physik nicht länger beibehalten werden. Während die Kopenhagener Deutung der Quantenmechanik ψ als erschöpfende Darstellung unseres Wissens vom Zustand eines Systems bzw. eines einzelnen Objekts ansah und feststellte, daß darüber hinaus keinerlei Angaben möglich sind, war für EINSTEIN diese Größe eine Beschreibung des durchschnittlichen Verhaltens eines Ensembles von Mikroobjekten. Genauere Festlegungen für das Verhalten der Elemente der Gesamtheit sollten möglich sein.

Seiner Überzeugung, daß die Quantenmechanik eine

unvollständige Naturbeschreibung sei, hatte EINSTEIN 1949 wiederum unter Hinweis auf den EPR-Einwand Ausdruck verliehen, ohne die von BOHR bereits 1935 vorgebrachten Erwiderungen[28]) zu akzeptieren. Damit mündeten die über zwei Jahrzehnte geführten Debatten zwischen EINSTEIN und BOHR in eine diametral entgegengesetzte Erwartung bezüglich des weiteren Erkenntnisfortschritts der Physik. Während BOHR die mit der Quantenmechanik eingeführte neue physikalische Denkweise für fundamental hielt, hoffte EINSTEIN auf eine Quantentheorie, die weniger radikal mit der Denkweise der klassischen Physik bricht und alle bislang erzielten und experimentell überprüften quantenmechanischen Ergebnisse ebenfalls liefert. Die Rechtfertigung für die Möglichkeit derart unterschiedlicher Erwartungshaltungen für den weiteren Theorienfortschritt sah EINSTEIN in der ungenügenden Synthese der Quanten- und der Relativitätstheorie.

Die von EINSTEIN, SCHRÖDINGER, PLANCK, v. LAUE u. a. geäußerten Zweifel an der Vollständigkeit der Quantenmechanik in ihrer Kopenhagener Deutung hat Physiker, die weiterhin am Ideal mechanistischer Naturbeschreibung festhielten, darin bestärkt, selbst Ansätze einer Quantenmechanik mit verborgenen Parametern vorzuschlagen. Sie sahen in diesen Versuchen zumeist eine Konkretisierung der von den genannten Theoretikern erhobenen generellen Einwände gegen die bisherige Theorie.

Neben dem physikalischen Argument von der Unvollständigkeit der Quantenmechanik haben philosophische Auffassungen für die Begründung neuer quantenmechanischer Ansätze eine große Rolle gespielt. Die Anhänger der Konzeption verborgener Parameter waren in ihrer Mehrzahl der Überzeugung, daß mit der Quantenmechanik nach HEISENBERG und BOHR der Idealismus zur philosophischen Grundlage physikalischer Theorien geworden war, und versuchten nun eine Theorie auf materialistischer Grundlage zu schaffen.[29]) Sie gingen davon aus, daß die klassische Physik eine materialistische Grundlage habe und entnahmen die nach ihrer Meinung einzig akzeptablen Normen physikalischer Theorien diesem relativ gesicherten Erkenntnisstand. Dabei unterlagen sie zumeist dem Trugschluß, daß der mechanische Materialismus bereits die philosophisch richtige Verallgemeinerung der klassischen Physik sei.[30]) Sie verkannten die Bedeutung der materialistischen Dialektik bei der philosophischen Verallgemeinerung eines seit langem gesicherten physikalischen Erkenntnisstandes und unterschätzten die Dialektik des Erkenntnisprozesses der zur klassischen Physik geführt hatte.

4.3. *Positivismus, Antipositivismus, Irrationalismus — Reaktionen nichtmarxistischer Philosophen auf die Quantenmechanik*

An den von den Physikern seit 1927 so intensiv diskutierten philosophisch-weltanschaulichen und erkenntnistheoretisch-methodologischen Fragestellungen der Quantenmechanik konnten die Philosophen nicht vorbeigehen. Wenn eine Philosophie beanspruchte, auch für die Wissenschaftsentwicklung relevant zu sein, mußte sie zu diesen Problemen Stellung beziehen.

Analysiert man die Reaktionen der in Betracht kommenden philosophischen Strömungen, so fällt auf, daß sich die Positionen einzelner ihrer Vertreter sehr stark voneinander unterscheiden und teilweise einem erheblichen Wandel unterlagen. Es lassen sich dabei zwar für die einzelnen Strömungen bestimmte Tendenzen feststellen; die philosophischen Strömungen unterscheiden sich aber nicht primär in ihrer Stellung zur Quantenmechanik oder anderen speziellen wissenschaftlichen Theorien.

Nachdem 1927 ein einheitlicher geschlossener Formalismus der Quantenmechanik mit einer handhabbaren Interpretation vorlag und sich die philosophischen Auseinandersetzungen der Physiker verschärften, sahen sich einzelne Philosophen nicht selten in die Rolle des Schiedsrichters in diesen Kontroversen gedrängt. Zur Entscheidung standen aber nicht die erkenntnistheoretischen Fragen allein, sondern die erkenntnistheoretischen Fragen in Verbindung mit den völlig neuen Problemen der Quantenmechanik. Daher waren zwar die Philosophen gefordert, konnten aber mit den Mitteln ihrer Wissenschaft unmöglich entscheiden, ob BOHRS oder EINSTEINS Erwartungen gerechtfertigt waren, ob die Quantenmechanik durch verborgene Parameter zu ergänzen sei oder ob das prinzipiell ausgeschlossen werden müsse. Es kam vielmehr darauf an, die philosophischen Implikationen der Quantenmechanik zu erforschen, Stellung zu den verschiedenen Positionen der Physiker zu nehmen und mit den Mitteln der Philosophie die erforderlichen begrifflichen Klärungen zu fördern.

Ebenso wie in den Diskussionen der Physiker ging es vor allem um eine Stellungnahme zur Positivismusproblematik. Obgleich die neuen Erkenntnisse, wie bereits gezeigt werden konnte, keineswegs aus einem positivistisch normierten Vorgehen gewonnen wurden, sahen positivistische Schulphilosophen in einer Reihe von expliziten philosophischen Feststellungen der Anhänger der Kopenhagener Deutung eine Bestätigung und Vertiefung ihrer eigenen wissenschaftsphilosophischen Positionen.

Zugleich mit den Versuchen neopositivistischer Schulphilosophen, neue Erkenntnisse der Quantenmechanik zur Legitimation und Entwicklung ihrer philosophischen Thesen heranzuziehen, wurden dieselben Erkenntnisse von Vertretern anderer philosophischer Strömungen in der Auseinandersetzung mit dem Positivismus genutzt. Dabei ging es immer um die Rolle philosophisch-weltanschaulicher Fragestellungen. Die nichtmarxistischen Positivismuskritiker wandten sich gegen die geforderte Elimination solcher Fragen aus der Wissenschaft und versuchten beispielsweise zu begründen, warum bestimmte

Antworten als transzendentale Prinzipien a priori im Sinne KANTS Bedingungen für die Möglichkeit der Erfahrung überhaupt erst schaffen und folglich in den Diskussionen um die Voraussetzungen des wissenschaftlichen Erkenntnisprozesses nicht eliminiert werden dürfen.

Physiker wie EINSTEIN, SCHRÖDINGER, PLANCK, v. LAUE u. a. polemisierten heftig gegen den Positivismus und trafen sich dabei mit verschiedenen antipositivistischen Strömungen in der Philosophie. Während die den Positivismus attackierenden Physiker in der Regel von spontan-materialistischen Positionen ausgingen und in unterschiedlichem Grade ausgeprägte spontan dialektische Einsichten gewannen, gingen die nichtmarxistischen Philosophen zumeist von idealistischen Positionen an die Positivismuskritik. Die in ihrem Kern tiefe Wahrheiten enthaltenden Auseinandersetzungen mit dem Positivismus auf nichtmarxistischer Grundlage blieben inkonsequent und mündeten zum Teil sogar in Irrationalismus. Die entsprechenden Diskussionen philosophischer Fragen der Quantenmechanik pendelten zwischen positivistischen und antipositivistischen Tendenzen und waren dabei ständig der Gefahr ausgesetzt, in Irrationalismus abzugleiten.

Dies haben auch die intensiven Bemühungen des „Wiener Kreises" und einer Reihe diesem Kreis nahestehender Theoretiker gezeigt. Philosophen und prominente Vertreter verschiedener anderer Wissenschaften hatten sich in Wien in den zwanziger Jahren ein philosophisches Programm gegeben, nach dem die MACHsche Traditionslinie in der Wissenschaftsphilosophie fortgeführt werden sollte.[31]) Obwohl sich nach ihrer Auffassung Philosophie von nun an auf Sprachanalyse reduzieren sollte,[32]) waren aber insbesondere bei den Diskussionen der philosophischen Fragen der Quantenmechanik grundsätzliche weltanschauliche Problemstellungen nicht zu umgehen. Die antipositivistischen Tendenzen innerhalb positivistischer Schulphilosophie verstärkten sich damit gesetzmäßig.

Die Sachkenntnis, mit der einige neopositivistische Wissenschaftsphilosophen Probleme der Quantenmechanik aufgegriffen, und zahlreiche von den Quantentheoretikern benutzten positivistisch interpretierbaren Formulierungen haben dazu beigetragen, daß auch philosophische Positivismuskritiker eine Reihe positivistischer Gedanken übernahmen und die Trennlinien zwischen positivistischen und antipositivistischen Tendenzen nicht nur innerhalb der aus der neopositivistischen Tradition kommenden Wissenschaftsphilosophie unscharf wurden, sondern auch im Lager ihrer Kritiker.

Das von der Quantenmechanik prinzipiell aufgeworfene Problem der subjektunabhängigen Existenz der von der Theorie erfaßten Objekte ist in den Diskussionen neopositivistischer Wissenschaftsphilosophen relativ selten angeschnitten worden. In dieser Frage hielten sich viele der Theoretiker an die empiristische Orientierung, nach der alle über die unmittelbaren Beobachtungen hinausgehenden und nicht empirisch verifizierbaren Existenzbehauptungen sinnlose Feststellungen seien und ihre weitere Diskussion ein wissenschaftlich vermeidbares Scheinproblem darstelle.[33]) Die positivistische Elimination des Begriffs subjektunabhängiger Objekte hat immer wieder idealistische Unterstellungen begünstigt und schließlich den Boden für die irrationalen Behauptungen über die Immaterialität des Geschehens im Mikrokosmos bereitet.[34])

Das von den neopositivistischen Wissenschaftsphilosophen und den ihnen nahestehenden Kritikern am intensivsten erörterte Problem war das Kausalproblem.[35]) Bohr hatte das Komplementaritätsprinzip als eine rationale Verallgemeinerung des klassischen Kausalitätsideals angesehen[36]), für Born war das Kausalgesetz in der Quantenmechanik bedeutungsleer geworden[37]) und Heisenberg sah in dieser Theorie eine definitive Widerlegung des Kausalgesetzes[38]). Einstein, Schrödinger, Planck, v. Laue u. a. forderten, unbedingt am Kausalgesetz der klassischen Physik festzuhalten und unterschieden sich nur in den Nuancen ihrer Argumentation.

Innerhalb des Wiener und des Berliner Kreises gehörten die Auseinandersetzungen um das Kausalgesetz zum Prozeß der partiellen Abkehr von extrem positivistischen Forderungen. Während CARNAP das Kausalitätsproblem 1928 auf der Grundlage seines Sinnkriteriums wissenschaftlicher Aussagen noch zu den Scheinproblemen zählte, schlugen REICHENBACH, v. MISES u. a. in Verallgemeinerung der Erkenntnisse der statistischen Physik und vor allem der Quantenmechanik eine Neufassung des Kausalgesetzes vor. PH. FRANK erörterte 1932 dieses traditionelle philosophische Problem in einer Monographie, in der zwar die Kritik des dialektischen Materialismus, wie sie von LENIN in „Materialismus und Empiriokritizismus“ geleistet war, rezipiert aber gleichzeitig die Bedeutung des Neukantianismus für eine wissenschaftliche Weltauffassung hervorgehoben wurde. Für das Kausalitätsproblem spielten dort BERGMANNS und CASSIRERS Arbeiten eine große Rolle.

H. BERGMANN wandte sich diesem Problem zu, indem er von der Feststellung ausging, daß der Positivismus und Empirismus mit der Entwicklung der Relativitätstheorie und der Quantentheorie gescheitert seien. Er definierte mit BRENTANO das bislang als unumstößlich angesehene Kausalgesetz: „Bei jedem Werden ist das Werdende mit einem Vorbestehenden wie Wirkung mit Ursache verknüpft, mit anderen Worten, ein Vorbestehendes determiniert das, was wird.“[39]) Eine Ergänzung dieses Gesetzes durch das Kausalprinzip, nach dem gleiche Ursachen gleiche Wirkungen erzielen, hielt er für überflüssig, da diese Feststellung bereits durch das „determinierte“ im Kausalgesetz zum Ausdruck gebracht war.

Während die Gesetze der klassischen Physik keinerlei Zweifel an der Gültigkeit des Kausalgesetzes aufkommen ließen, stellte sich mit den prinzipiell statistischen Gesetzen der Quantenmechanik für BERGMANN die Frage, „ob man, um statistische Naturgesetze zu sichern, in der Einschränkung des Zufalls so weit gehen muß, wie das Kausalgesetz geht, also volle eindeutige Notwendigkeit des einzelnen Geschehens vorausetzen muß".[40]) BERGMANN verneinte das und schlug vor, lediglich die Anwendbarkeit der Wahrscheinlichkeitstheorie und Statistik auf die Wirklichkeit zu postulieren. In Übereinstimmung mit der Häufigkeitsinterpretation des Wahrscheinlichkeitsbegriffes mußte man voraussetzen, „das dasjenige, was die größere Wahrscheinlichkeit besitzt, in der Natur auch in entsprechendem Maße häufiger vorkommt."[41])

Diese Lösung des Kausalitätsproblems kam der Auffassung REICHENBACHS nahe, der die elementare Kausalrelation als wahrscheinlichkeitsmäßige Verknüpfung einer Ursache mit einem Feld von Wirkungen faßte. In antipositivistischer Stoßrichtung betonte BERGMANN, daß die Wissenschaft nicht dadurch voraussetzungsloser geworden sei, daß sie die strenge Kausalität durch eine neue Form ersetzt habe. Für ihn war die Anwendbarkeit von Wahrscheinlichkeitstheorie und Statistik auf die Natur ein transzendentales Prinzip a priori, das lediglich anspruchsloser als das alte Kausalgesetz sei. Indem er zugleich die Behauptung zurückwies, daß nun alle Naturgesetze statistisch wären, kam er der dialektisch-materialistischen Lösung des Problems näher als dies bei REICHENBACH der Fall war. Indem er aber den Zufall nur als metaphysische Entgegensetzung zur Notwendigkeit faßte und die Lösung des Kausalitätsproblems darauf reduzierte, die Rolle des Zufalls im Naturgeschehen neu zu fassen, vermochte er der Gefahr des Irrationalismus nicht auszuweichen. Er schrieb: „Das Wunder ist naturgesetzlich möglich geworden. Damit ist ein Asyl der Unwissenheit aufgetan, in welches sich eine Theorie leicht flüchten kann, wenn einmal die Erscheinungen der Wirklichkeit nicht entsprechen. In diesem Sinne kann man es verstehen, daß EMANUEL LASKER, von der modernen Physik sprechend, ausruft: ‚Die Kultur in Gefahr.' "[42])

BERGMANN öffnete damit wieder der vom Neopositivismus zum Teil erfolgreich attackierten philosophischen Spekulation Tür und Tor. Die von ihm nicht ausgeschlossenen „Wunder“ sind Ereignisse mit so geringer Eintreffenswahrscheinlichkeit, daß sie *praktisch* ausgeschlossen werden können. Ereignisse, die auf Grund von Naturgesetzen verboten sind, blieben weiterhin unmöglich.

Indem Bergmann aber der Feststellung Laskers zustimmte, daß die moderne Physik die Kultur gefährde, traf er sich mit jenen, die bestimmte philosophische Prinzipien, wie das Kantsche Kausalprinzip, ein für allemal festschreiben wollten und verlangten, die Physik so zu formulieren, daß sie diesen Prinzipien gehorche. Das widersprach zwar der Intension von Bergmanns Arbeit, war aber trotzdem eine Konsequenz seines Ansatzes.

Bergmann hatte seinen Antipositivismus idealistisch begründet. Wissenschaft war für ihn nicht länger Abbild, sondern lediglich „Deutung, Bearbeitung mit Hilfe ‚gewisser‘ intellektueller Symbole.“[43]) Damit mußte diese Positivismuskritik inkonsequent werden. Sie enthielt selbst ein Element positivistischer Erkenntnistheorie, das nicht geeignet ist, dem Irrationalismus zu wehren.

Der Positivismus hatte das Kausalgesetz zur fruchtlosen metaphysischen Spekulation erklärt, die aus der Wissenschaft auszuschließen sei, bzw. gefordert, bestimmte Naturgesetze als akausal anzusehen. Dieser idealistischen Lösung des Kausalitätsproblems stellte Bergmann eine Alternative entgegen, in der der instrumentale Charakter des Kausalgesetzes bzw. seiner Neufassung betont wurde. Seine Untersuchungen zusammenfassend kam er zu dem Ergebnis: „In klarer Weise hat sich die Voraussetzung des Determinismus — mag es nun das strenge Kausalgesetz, mag es das gelockerte Wahrscheinlichkeitsgesetz sein — als *Forderung* erwiesen, die wir an die zu konstruierende Welt der physikalischen Erscheinungen stellen — zum Behufe ihrer *Kon-*

struktion."[44]) Hier wurde ein Moment des tatsächlichen Erkenntnisprozesses verselbständigt und Ausgangspunkt einer idealistischen Problemlösung.

Antipositivismus allein genügt nicht, um in wissenschaftlicher Weise philosophisch-weltanschauliche Fragen anzugehen. Die von BERGMANN gestellte Aufgabe ist nicht erfüllbar. Er hatte vom Philosophen gefordert, „am reinen Begriff festzuhalten, zugleich aber der Physik jene Elastizität und Lockerung des empirischen Begriffs freizugeben, welche durch den momentanen Stand der Empirie gefordert wird."[45]) Der „reine Begriff" des Philosophen existiert bestenfalls in philosophischen Texten, nicht aber in der philosophischen Theorie, die Grundlage einer wissenschaftlichen Weltanschauung sein soll. Am „reinen Begriff festzuhalten" ist eine Orientierung, die die Philosophie notwendig in Konflikt mit den Resultaten der anderen Wissenschaften bringen muß. Damit wird von vornherein eine als Verallgemeinerung aller Wissenschaften verstandene theoretische Basis für eine wissenschaftliche Weltanschauung verhindert. BERGMANN hat dem Rechnung getragen, indem er postulierte, daß es Sache des Philosophen sei, der vom Physiker in einem physikalischen Weltbild geschaffenen „bewußtseinsfremden ... Welt, die doch nur eine künstliche, methodische Abstraktion ist, ihren Platz im Gesamtgebiet des Wissens anzuweisen, die bewußtseinsfremde Welt gewissermaßen in das Bewußtsein zurückzunehmen."[46])

In dieser allein auf die innere Ordnung menschlichen Wissens gerichteten Orientierung kommt jenes idealistische Moment in BERGMANNS Philosophie zum Ausdruck, das in antipositivistischer Stoßrichtung einerseits zur instrumentalen Umdeutung des Kausalitätsproblems und andererseits zur überzogenen Autonomie der Philosophie bei seiner Lösung geführt hat.[47])

Beide Seiten der BERGMANNschen Analyse finden sich auch in den Arbeiten H. DINGLERS wieder, der ebenfalls unter Einbeziehung teilweise positivistischer Voraussetzungen frühzeitig gegen die positivistischen Versuche der Elimination von Weltanschauungsfragen vorging. Der Vorzug seiner Arbeiten gegenüber den einseitig auf Sprachanalyse gerichteten Untersuchungen lag darin, daß er den Prozeß der Gewinnung neuer Erkenntnisse in die philosophischen Untersuchungen einbezog und nicht bei den Resultaten dieses Prozesses allein stehenblieb. Da er aber in völlig unzulässiger Weise die Erfahrungsgrundlage der Physik auf die klassische Physik einschränkte und die Relativitätstheorie und die Quantenmechanik wegen ihres ungenügenden Anschlusses an diese Basis kritisierte[48]), konnten seine Arbeiten nicht mit dem Interesse der Physiker rechnen. Die antipositivistische Haltung DINGLERS mündete in einer völlig unbegründeten Kritik der modernen Physikentwicklung und gipfelte in der Forderung, die Physik habe sich in Übereinstimmung mit den von ihm gefundenen Prinzipien zu entwickeln.

Im Unterschied zu den Theoretikern des Wiener und des Berliner Kreises und solcher Anhänger des Neukantianismus wie CASSIRER, BERGMANN u. a. berücksichtigten die erkenntnistheoretischen Arbeiten DINGLERS den tatsächlichen Stand der Erkenntnisse auf dem Gebiet der Quantenmechanik nicht adäquat. Die intensiven Diskussionen der philosophischen Fragen der Quantenmechanik, wie sie der Wiener Kreis um SCHLICK und der Berliner Kreis um REICHENBACH geführt hatte und in der Emigration weiterführte,[49]) verstärkten in den 30er und 40er Jahren den Eindruck, daß im wesentlichen die moderne Physikentwicklung in philosophischer Hinsicht als ein Triumph des Positivismus zu werten sei. Gleichzeitig mit diesen Tendenzen wurden aber auch immer häufiger irrationalistische Gegenthesen zu den positivistisch orientierten wissenschaftsphilosophischen Aussagen formuliert.

Philosophen, die irrationalistische Schlußfolgerungen aus der Quantenmechanik zogen, knüpften nicht selten an entsprechende Äußerungen einiger Physiker an.

Während die positivistischen Thesen von Physikern teilweise in die grundsätzlichen Diskussionen um die weitere Entwicklung der Physik eingebracht wurden und insofern nicht nur der philosophischen Diskussion unterlagen, wurden irrationalistische Erklärungen naturgemäß nirgends im Zusammenhang mit der Diskussion neuer physikalischer Theorieansätze gebracht, sondern ausschließlich auf der Ebene philosophischer Verallgemeinerungen vorgetragen. Insofern gehen in die Behandlung der Problematik des Irrationalismus die Auffassungen von Physikern als für die Physik folgenlose Erklärungen innerhalb philosophischer Debatten ein.

Bereits ENGELS hatte nachdrücklich auf jene Gefahren hingewiesen, die der Wissenschaftsentwicklung aus einer im 19. Jahrhundert zunehmenden empiristischen Orientierung drohen. Er war immer wieder darauf gestoßen, daß der bis zum Okkultismus und Spiritismus gehende Irrationalismus auch vor einigen Naturwissenschaftlern nicht haltmacht.[50]) Die Diskussionen der Quantenmechanik haben erneut gezeigt, wie dicht empiristische Begründungen einer rationalen Theorie mit irrationalen Schlußfolgerungen aus dieser Theorie zusammenhängen können.

So hat beispielsweise EDDINGTON 1927 in seinen Gifford-Vorträgen, subjektivistische Elemente der MACHschen Erkenntnistheorie objektivierend, die These vertreten, daß die Physik die wechselseitigen Zusammenhänge vielfältigster Zeigerablesungen von Meßinstrumenten erforscht[51]) und gleichzeitig behauptet, daß die Idee eines „allgemeinen Geistes oder Logos“ eine Schlußfolgerung aus eben dieser Wissenschaft sei.[52]) Zwar konnte nach seiner Meinung insbesondere die Quantenmechanik lediglich einen farblosen Pantheismus begründen, aber die Unbestimmtheitsrelationen waren ihm Beleg genug für die weitreichende Verallgemeinerung, daß die zukünftig von der Physik erreichbare Vollständigkeit der Beschreibung ein Gemisch von Erkennbarem und Nichterkennbarem darstellen wird.[53]) Mit der endgültigen

Aufgabe der Forderung nach strenger Kausalität in der Quantenmechanik war Platz für das Wirken eines „allgemeinen Geistes und Logos" geschaffen, und es kam darauf an, in rationale Kalkulationen dieses rational nicht kalkulierbare Element mit einzubeziehen.

EDDINGTON favorisierte eine idealistische Weltauffassung, um die Wandlungen in der Physik des 20. Jahrhunderts gegenüber der klassischen Physik deutlich zu machen. Nachdem endgültig klargeworden war, daß der metaphysische Abbildbegriff nicht genügt, um das Wesen der neuen Theorien zu erfassen, gab er ebenso wie viele andere positivistisch beeinflußte und empiristisch orientierte Physiker den Abbildbegriff völlig auf und begünstigte damit den Irrationalismus. Er schrieb seine Untersuchungen über das neue physikalische Weltbild zusammenfassend: „Der Physiker sieht heute seine eigene Außenwelt in einer Weise an, die ich bei all ihrer Exaktheit und praktischen Eignung ungleich mystischer nennen muß als die Anschauungen, die noch vor nicht viel Jahren vorherrschend gewesen sind, als nur das für wahr gehalten wurde, wovon Ingenieure ein Modell anfertigen konnten."[54])

Einerseits wurde dieser angebliche Mystizismus der Theorie von Physikern scharf attackiert, die den Gehalt der neuen Theorie nicht verstanden hatten. Andererseits wurden derartige Erklärungen genutzt, um zu versuchen, Religion und Wissenschaft auszusöhnen. Strikte Ablehnung der Quantenmechanik und begeisterte Propagierung waren hier in gleichem Maße irrationalistisch, unterschieden sich aber in ihrer politischen Tragweite.[55])

Mit unterschiedlicher philosophischer Tiefe werden bis heute diese und andere Erkenntnisse der modernen Naturwissenschaften herangezogen, um die Vereinbarkeit religiösen Glaubens mit neuesten wissenschaftlichen Erkenntnissen zu belegen. Ganz systematisch wurde das von bestimmten Vertretern des kritischen Realismus[56]) und des Neothomismus[57]) betrieben. Dabei werden mit gewisser Berechtigung als physikalische Kronzeugen neben EDDINGTON immer wieder JEANS und JORDAN genannt. Von beiden stammen explizite Äußerungen über die Notwendigkeit, den Idealismus zur philosophischen Grundlage der Physik zu machen.[58])

Der Irrationalismus tritt in vielfältiger Gestalt als philosophisches Programm auf. Wie aber die Diskussionen der philosophischen Probleme der Quantenmechanik gezeigt haben und immer wieder verdeutlichen, ist er kein Programm, welches philosophische Fragen der Wissenschaftsentwicklung konstruktiv anzugehen vermag. Deshalb wendet sich die Mehrzahl der Wissenschaftler scharf gegen irrationalistische philosophische Konzeptionen.

Waren bereits die positivistischen und antipositivistischen Tendenzen in der positivistischer Tradition entstammenden Wissenschaftsphilosophie Ausdruck der seit Jahrhunderten geführten Auseinandersetzungen zwischen Empirismus und Rationalismus,[59]) führte der aus dem extremen Empirismus erwachsende Irrationalismus erneut auf dieses die gesamte nichtmarxistische Erkenntnistheorie durchziehende Problem.[60])

Die spontan dialektischen Einsichten in die Gesetzmäßigkeiten des Erkenntnisprozesses, auf die zahlreiche Physiker bei der Entwicklung der Quantenmechanik gestoßen waren, wiesen bereits in jene Richtung, in der das Dilemma eines Zwangs zu metaphysischen Entscheidungen zwischen Empirismus und Rationalismus zu beheben ist. Dazu bedurfte es auf materialistischer Grundlage eines konsequent dialektischen Herangehens. Zwar waren die Grundprinzipien eines solchen Philosophierens längst hinreichend begründet. Um aber im konkreten Fall fruchtbar zu werden, mußte eine intensive Forschungsarbeit in enger Gemeinschaftsarbeit von Philosophen und Physikern geleistet werden.

4.4. *Philosophen und Physiker im Ringen um dialektisch-materialistische Problemlösungen*

Die unmittelbare Herausbildung der Quantenmechanik vollzog sich innerhalb weniger Jahre. Sie war vor allem konzentriert auf die Forschungsgruppen in Göttingen, Kopenhagen, Wien und Cambridge (England). Wichtige Beiträge kamen von Physikern aus Berlin, München, Leipzig, Zürich, Cambridge (USA), Leiden und Utrecht. In einigen dieser Zentren der physikalischen Forschung arbeiteten in den 20er und zu Beginn der 30er Jahre junge Physiker aus der Sowjetunion, die beim Aufbau einer leistungsfähigen Physik im ersten sozialistischen Land der Erde eine maßgebliche Rolle spielen sollten.

V. A. Fok, D. D. Ivanenko, L. D. Landau, I. J. Tamm u. a. traten mit eigenständigen Beiträgen zur Quantenmechanik hervor. Bereits 1926 waren zwei Plenarsitzungen einer Konferenz sowjetischer Physiker der Diskussion dieser neuen physikalischen Theorie gewidmet. 1927 erschien die erste, von A. F. Joffe herausgegebene, zusammenfassende Darstellung der Quantenmechanik auf der Grundlage dieses Konferenzmaterials. Im Vorwort brachte der Herausgeber die Überzeugung zum Ausdruck, daß mit der Quantenmechanik, die noch über zahlreiche offene Fragen verfüge, eine neue Epoche in der Geschichte der Physik begonnen habe.[61])

Wie überall in der Welt gab es beim Verständnis der neuen physikalischen Gedanken und in der Diskussion der durch die Quantenmechanik aufgeworfenen philosophischen Fragestellungen viele Schwierigkeiten zu überwinden. In der Sowjetunion aber waren für die Zusammenarbeit von Philosophen und Physikern völlig neue historische Bedingungen entstanden. Mit dem Sieg der Oktoberrevolution wurden die Voraussetzungen geschaffen, daß der dialektische und historische Materialismus Zugang zu den Hochschulen fand und zahlreiche Lehr- und Forschungseinrichtungen nun mit der Propagierung und der Weiterentwicklung dieser Philosophie in einem bisher nicht gekannten Ausmaß beschäftigt waren. Allmählich verschwanden in einem Land der Erde jene Barrieren, die bis dahin die übergroße Mehrzahl der Naturwissenschaftler gehindert hatten, sich ernsthaft mit dem dialektischen und historischen Materialismus zu beschäftigen.

In den Arbeiten der Klassiker des Marxismus-Leninismus waren theoretische Positionen vorbereitet, die helfen konnten, jene Schwierigkeiten zu überwinden, auf die die bürgerlichen Philosophen in ihrer Auseinandersetzung mit neuen naturwissenschaftlichen Erkenntnissen stießen. Dies aber war keineswegs ein für alle offenkundiger Fakt, sondern selbst eine Erkenntnis, die erst gewonnen werden mußte. Mit Lenins Arbeit „Über die Bedeutung des streitbaren Materialismus" lag ein wegweisendes Programm der konstruktiven schöpferischen Zusammenarbeit von Philosophen und Vertretern der anderen Wissenschaften vor, das es in angestrengter Arbeit zu verwirklichen galt. Dazu bedurfte es vor allem der Bearbeitung der durch die Wissenschaftsentwicklung auf die Tagesordnung gesetzten neuen Probleme. Die ausgearbeiteten dialektisch-materialistischen Grundprinzipien mußten am Material zahlreicher neuer wissenschaftlicher Erkenntnisse überprüft werden. Es ging darum, die neuesten Entwicklungen in den einzelnen Wissenschaften philosophisch zu verallgemeinern und die wissenschaftliche Weltanschauung für die weitere einzelwissenschaftliche Forschungsarbeit fruchtbar zu machen. Einer der dabei zu bearbeitenden Schwerpunkte war seit Mitte der 20er Jahre die Entwicklung der Quantentheorie.

Um die positivistischen Tendenzen in den philosophischen Schlußfolgerungen aus der Entwicklung der Physik zu vermeiden, ohne in unbegründete naturphilosophische Spekulationen zu verfallen, wurden naturwissenschaftlich gebildete marxistisch-leninistische Philosophen und philosophisch gebildete Naturwissenschaftler benötigt. Derartige Spezialisten gab es aber kaum; sie mußten praktisch aus der sich entwickelnden Zusammenarbeit von marxistisch-leninistischen Philosophen und Naturwissenschaftlern erwachsen. So kam es, daß gleichzeitig mit der Erforschung der neuen, außerordentlich komplizierten Probleme die dafür erforderlichen Kader entwickelt werden mußten. International gab es keinerlei Beispiele für das sich seit den 20er Jahren in der Sowjetunion entfaltende gemeinsame Ringen von Naturwissenschaftlern und Philosophen um dialektisch-materialistische Problemlösungen der von der Wissenschaftsentwicklung aufgeworfenen Fragen. Dieser Prozeß verlief nicht ohne innere Widersprüche und Schwierigkeiten.

Unter den Naturwissenschaftlern, besonders unter den Physikern, wirkte die mit der Tradition des Weltbildes der klassischen Physik historisch verknüpften mechanistisch-materialistischen Positionen noch lange nach. Die die Zerstörung dieses Weltbildes begleitende positivistische Kritik und jene zum Teil neopositivistisch formulierten heuristischen Prinzipien einer konstruktiven Erneuerung des theoretischen Fundaments der Physik entbehrten bekanntlich nicht eines rationalen Kerns. Sie wurden häufig von führenden Naturwissenschaftlern selbst vorgetragen. Es konnte daher leicht der Eindruck entstehen, daß der Positivismus das einzige philosophisch fruchtbare Programm der Wissenschaftsentwicklung sei. Da dieses Programm aber letztlich auf eine Zerstörung der Philosophie als theoretische Grundlage der Weltanschauung gerichtet war und zahlreiche der antipositivistisch orientierten bürgerlichen Philosophen an die Stelle konstruktiver Lösungen für die auftretenden neuen Probleme entweder alte philosophische Lehrsätze oder naturphilosophische Spekulationen setzten, die nicht dem tatsächlichen Wissenschaftsfortschritt entsprachen, begegneten viele der Naturwissenschaftler jeglicher Philosophie mit außerordentlichem Argwohn.

Die marxistisch-leninistischen Philosophen waren in unterschiedlichem Grade in das Wesen der neuen, die bisherige Philosophiegeschichte aufhebende und zugleich bewahrende Philosophie eingedrungen. Nicht selten standen sie noch unter der mehr oder minder ausgeprägten philosophischen Tradition einer vormarxistischen Strömung bzw. deren spätbürgerlichen Nachläufern. Dies im Einzelfall jeweils zu übersehen, erforderte aber bereits eine hohe professionelle Meisterschaft. Urteilte man allein nach den von den einzelnen Philosophen herangezogenen Belegen ihrer Positionen bei den Klassikern der marxistisch-leninistischen Philosophie, mußten die ideellen Bindungen an nichtmarxistische philosophische Strömungen völlig im Dunkeln bleiben. Dies alles gilt es zu berücksichtigen, wenn es heute darum geht, das Ringen um dialektisch-materialistische Problemlösungen historisch richtig einzuschätzen.[62])

Auf die mit der Einführung des PLANCKschen Wirkungsquantums in die Physik verbundenen philosophischen Probleme sind dialektisch-materialistische Philosophen bereits eingegangen, als diese Fragen noch fast ausschließlich Diskussionsgegenstand der Physiker waren. So machte beispielsweise die Zeitschrift „Pod znamenem marksizma“ ihre Leser durch Übersetzungen zweier stark erkenntnistheoretisch orientierter Artikel von M. PLANCK sowie Artikel von TIMIRJAZEV, ORLOV, CEJTLIN u. a. zwischen 1923 und 1925 auf die Kompliziertheit des Quantenproblems aufmerksam.[63]) Während zu dieser Zeit die Schwierigkeiten der Quantentheorie vielen nichtmarxistischen Wissenschaftsphilosophen noch als philosophisch irrelevant galten, wurde durch diese angesehene marxistisch-leninistische Zeitschrift bereits darauf hingewiesen, daß in der Mikrophysik eine Entwicklung in Gang gekommen war, die es philosophisch zu analysieren galt.

In diesen Arbeiten wurden die Erfolge hervorgehoben, die man mit Einführung des Quantenpostulats in der physikalischen Forschung erzielt hatte. Es wurde aber gleichzeitig darauf verwiesen, daß die Quantentheorie noch nicht organisch in das Gebäude der klassischen Physik eingefügt war. In dialektischer Weise wurde nach den Grenzen der Anwendbarkeit bisheriger physikalischer

Vorstellungen gefragt und die metaphysische Negation der klassischen Physik als unangebrachte Verallgemeinerung des tatsächlichen Standes der Entwicklung der Quantentheorie zurückgewiesen. In undialektischer Weise wurde die Lösung der aufgetretenen Schwierigkeiten aber zumeist als einfache Evolution erwartet. Ein revolutionärer Umbruch blieb für die Autoren der genannten Artikel ausgeschlossen. Während dieser Gedanke bei EINSTEIN, PLANCK, SOMMERFELD u. a. ein physikalisches Forschungsprogramm war, dessen Einseitigkeit durch die gegenteiligen Erwartungen von BOHR, BORN u. a. kompensiert wurde, tauchte er z. B. bei TIMIRJAZEV als eine Konsequenz des dialektischen Materialismus auf. In Vereinfachung der tatsächlichen Situation und in Verkennung der von MARX erfolgreich gehandhabten dialektischen Forschungsmethode schrieb er 1923: „Wenn wir uns von der dialektischen Methode leiten lassen, können wir sofort sagen, was uns noch fehlt ... In der Welt der Atome sind bislang jene kontinuierlichen Prozesse ... noch unbekannt, die zu den bereits von uns beobachteten Sprüngen führen. In einem dialektischen Prozeß setzt jeder Sprung eine vorangegangene kontinuierliche Entwicklung voraus."[64])

Das heuristisch fruchtbare dialektische Prinzip, auf der Grundlage des Gesetzes vom Umschlag quantitativer Veränderungen in qualitative, der Dialektik von Kontinuität und Diskontinuität in Entwicklungsprozessen nach den kontinuierlichen Momenten der diskontinuierlichen Sprünge zu forschen, wurde hier in naturphilosophisch spekulativer Weise zur Festlegung der zu erzielenden Forschungsresultate mißbraucht. Der Hinweis auf die dialektische Methode diente somit nur noch als Legitimation eines Vorgehens, das den materialistischen Grundsatz aufgab, die Natur so zu erforschen, wie sie wirklich ist. TIMIRJAZEV war dem physikalischen Forschungsprogramm des mechanischen Materialismus und den mechanistisch-materialistischen Verallgemeinerungen der Erkenntnisse der klassischen Physik viel stärker verhaftet, als seine zahlreichen Hinweise auf den dialektischen Materialismus erwarten ließen. Seine Argumentation steht für eine Gruppe damals recht einflußreicher sowjetischer Philosophen und Physiker, die auch nach dem revolutionären Durchbruch, den HEISENBERG 1925 in der Quantentheorie eingeleitet hatte, Erkenntnisfortschritte mit dem Maßstab evolutionärer Theorienfortschreibung messen wollten.

Völlig anders gingen dagegen FOK, GRINBERG, JOFFE, TARTAKOWSKI u. a. in ihren ersten zusammenfassenden Berichten über die Entwicklung der Quantenmechanik vor. Sie untersuchten zwar nicht die philosophischen Verallgemeinerungen der neuen physikalischen Theorie und gingen auch kaum auf die aufgeworfenen erkenntnistheoretisch-methodologischen Problemstellungen ein. Unter dem Eindruck der tatsächlichen Theoriendynamik betonten sie aber die revolutionären Neuerungen, ohne darüber den Anschluß an die klassische Physik zu vernachlässigen. Damit standen ihrem der Sache nach dialektischen Vorgehen die Forderung nach einem wahrhaft dialektischen Vorgehen bei jenen Physikern gegenüber, deren Festhalten an mechanistisch-materialistischen Positionen eigentlich immer Gefahr lief, in Idealismus abzugleiten.

Der damals in „Pod znamenem marksizma“ veröffentlichte Konferenzbericht vermerkte, daß in den Plenarsitzungen der Bruch der neuen Ideen mit den alten demonstriert wurde, während in Sektionssitzungen dagegen mehrfach versucht wurde, die Gesetze der neuen Mechanik aus denen der NEWTONschen herzuleiten.[65]) Dies waren Schwierigkeiten, die im Verständnis der Quantenmechanik überall auftauchten. Der starke mechanistische Einfluß auf eine Reihe sowjetischer Diskussionsteilnehmer war aber geeignet, den dialektischen Materialismus zu diskreditieren.

Im Mittelpunkt standen hier wie überall die Fragen der Materialität der Mikroobjekte, das Kausalitäts- und Determinismusproblem, die Frage nach dem Einfluß des

Beobachters auf das objektive Geschehen und die gesetzmäßige Erfassung dieses Geschehens. Dabei wurden von Physikern und Philosophen bemerkenswerte Einsichten entwickelt, die geeignet sein konnten, den positivistischen Einfluß auf die philosophischen Verallgemeinerungen des neuen Materials zurückzudrängen.[66])

F. Ritter beispielsweise brachte den Welle-Teilchen-Dualismus mit objektiven dialektischen Widersprüchen in der Natur in Beziehung und sah in der Heisenbergschen Unbestimmtheitsrelation eine Möglichkeit, tiefer in die Wechselwirkungsproblematik des Meßprozesses einzudringen, der in der klassischen Physik als einfache Registratur bestimmter Daten angesehen wurde.[67]) F. M. Gal'perin und M. A. Markov wandten sich gegen die ablehnenden Kritiken an den Heisenbergschen Unbestimmtheitsrelationen, die damals mit der Begründung vorgetragen wurden, aus ihnen lassen sich idealistische Schlüsse ableiten.[68]) Von zahlreichen Autoren wurde gezeigt, daß philosophische Verallgemeinerungen neuer physikalischer Erkenntnisse nicht selten im Widerspruch zu den tatsächlichen Erkenntnissen stehen. Jordans extremer Positivismus wurde zurückgewiesen. Es wurde die These widerlegt, nach der der Positivismus die Wissenschaftsphilosophie des 20. Jahrhunderts sei.

In den ersten Jahren nach der Entstehung der Quantenmechanik war eine dialektisch-materialistische Analyse der Wechselwirkung philosophischer und physikalischer Überlegungen bei der Herausbildung der neuen Theorie objektiv außerordentlich erschwert. Dazu hätte es vor allem einer intensiven *Zusammenarbeit* von Philosophen und Physikern bedurft, deren Keime in gemeinsamen Diskussionen aber gerade erst entstanden. Zum anderen fehlte auch noch der historische Abstand zu diesem Theorieentwicklungsprozeß selbst, der die objektiven Wertungen seiner Resultate erleichtert hätte.

Daher standen im Mittelpunkt der ersten Diskussionen oftmals Einzelaussagen hervorragender Physiker. Es gelang nicht immer, das mit diesen Aussagen aufgeworfene

Problem von der jeweiligen, nicht zuletzt auch der entsprechenden philosophischen Tradition geprägten Sprechweise zu trennen. Nicht selten wurde daher über die Berechtigung oder Verwerflichkeit bestimmter Äußerungen diskutiert, ohne zu den eigentlichen, die Forschung bewegenden Problemstellungen vorzudringen.

Diese für den Beginn der Diskussionen der philosophischen Fragen der Quantenmechanik auf dialektisch-materialistischer Grundlage charakteristische Situation ist aber nicht geeignet, die neopositivistische These zu belegen, wonach philosophische Auseinandersetzungen in erster Linie ein linguistisches Problem seien. Es ging auch damals keineswegs nur um das Verständnis bestimmter Äußerungen. Vor allem ging es um das Verständnis der neuen physikalischen Theorie.

A. F. Joffe, V. A. Fok, I. E. Tamm, S. I. Vavilov u. a. wandten sich berechtigterweise gegen Versuche einiger Philosophen, die von ihnen unverstandenen Erkenntnisse der Quantenmechanik als Folgerungen eines idealistischen Vorgehens in der Physik auszugeben.[69]) Erste Voraussetzung dialektisch-materialistischer Problemlösungen für philosophische Fragen der Quantenmechanik mußte ein adäquates Verständnis der neuen physikalischen Erkenntnisse und der physikalisch tatsächlich noch offenen Probleme sein.

Dies war aber insofern erschwert, als die Meinungsverschiedenheiten unter den Physikern, die maßgeblich die Entwicklung der Quantentheorie getragen hatten, international nicht selten als prinzipiell philosophisch-weltanschauliche Differenzen ausgetragen wurden. Die positivistischen Tendenzen in zahlreichen Arbeiten taten dann ein übriges, um den Eindruck zu erwecken, der „physikalische Idealismus" sei die philosophische Grundlage zur Entwicklung der modernen theoretischen Physik geworden.

Dieser Terminus war von Lenin in der Auseinandersetzung mit der positivistischen Philosophie um die Jahrhundertwende geprägt worden. Lenin konstatierte damals, daß sich bei der Überwindung der Grundlagenprobleme der Physik gegen Ende des 19. Jahrhunderts unter den Physikern zwei Schulen herausgebildet hatten, die sich ausschließlich in ihren philosophischen Orientierungen unterschieden. Eine Schule unter den Physikern hielt auch unter den komplizierten Bedingungen des Zusammenbruchs des mechanistischen Weltbildes am Materialismus fest, während die andere die Lösung der anstehenden erkenntnistheoretischen Probleme nicht zuletzt darin sah, den Materialismus aufzugeben. LENIN betonte seinerzeit ausdrücklich, „daß die Physiker der realistischen Schule nicht weniger erfolgreich die Tatsachen und Entdeckungen der letzten Jahre systematisieren als die der symbolischen Schule und daß der wesentliche Unterschied ‚*nur*' in dem erkenntnistheoretischen Standpunkt besteht."[70])

Mehr als 20 Jahre nach dieser Feststellung schien einigen Physikern und Philosophen eine entscheidende Wende eingetreten zu sein. Die Kritik an der Kopenhagener Deutung der Quantenmechanik durch prominente Physiker nahmen sie als Indiz dafür, daß die idealistischen Positionen nun sogar Eingang *in* die neue physikalische Theorie gefunden hatten. Das gleichzeitige Festhalten an mechanistischen Positionen[71]) führte zu einer entsprechenden Kritik der Quantenmechanik und der EINSTEINschen Relativitätstheorie. Man konzentrierte jetzt das Feuer der philosophischen Kritik auf den „physikalischen Idealismus" auch, um Fehlentwicklungen der physikalischen Theorien mit philosophischen Kriterien zu verhindern.[72])

Konstruktiv traf sich diese Richtung philosophischer Arbeiten mit den Bemühungen einiger Autoren, der bisherigen, angeblich „metaphysischen Physik" eine „dialektische Physik" entgegenzusetzen. Diese Auseinandersetzung war also eingebettet in die philosophischen Auseinandersetzungen zwischen den „Mechanisten" und den „Dialektikern".[73]) Dabei gingen die Trennlinien zwischen dem Festhalten an den mechanistischen Positionen des vormarxschen Materialismus und den Positionen der „Dialektiker" keineswegs immer dort, wo sie Kontrahenten der Auseinandersetzungen selbst ansiedelten.

In den 20er und 30er Jahren war jene extreme Kritik am „physikalischen Idealismus", die gegen den Idealismus *in* physikalischen Theorien vorgehen wollte, nur *eine* Tendenz in den breitgefächerten sowjetischen Diskussionen über die philosophischen Fragen der Physik, deren Berechtigung angesichts der viel differenzierteren Einschätzung LENINS bereits sehr fragwürdig war. Unter den Bedingungen einer sich ständig verschärfenden ideologischen Auseinandersetzung zwischen Sozialismus und Imperialismus konnte sie gegen Ende der 40er, zu Beginn der 50er Jahre vorübergehend zur vorherrschenden Tendenz werden. Im Mittelpunkt der Auseinandersetzungen standen dann die irrationalistischen und positivistischen Tendenzen in den philosophischen Diskussionen bürgerlicher Autoren.[74]) Verschiedentlich wurden aber auch Elemente der physikalischen Theorie bzw. ihrer physikalischen Interpretationen mit philosophischen Verdikten belegt.[75]) Die konstruktive Lösung der offenen Probleme wurde zumeist einseitig in der Richtung physikalischer Kritiker an der Kopenhagener Deutung gesucht.

In der Sowjetunion diskutierte man in den 30er Jahren ebenso wie in anderen Ländern auch Varianten einer Quantenmechanik mit verborgenen Parametern. Einige sowjetische Publikationen der frühen 50er Jahre erweckten dann aber den Eindruck, es sei eine Konsequenz des dialektisch-materialistischen Herangehens, die Existenz verborgener Parameter für die Quantenmechanik zu fordern.[76])

Ähnliche Tendenzen zeichneten sich in den Diskussionen der philosophischen Fragen der Quantenmechanik in der DDR und in den anderen sozialistischen Staaten ab. Nachdem 1945 die Voraussetzungen geschaffen waren, philosophische Fragen der Wissenschaftsentwicklung in einer Atmosphäre des wissenschaftlichen Meinungsstreits zu behandeln, begannen einige marxistisch-leninistische Philosophen und vor allem Physikstudenten mit der kritischen Analyse der in der Literatur vorliegenden philosophischen Verallgemeinerungen aus der Quantenmechanik.

Es kam auch hier zunächst zu einer Vielfalt von Meinungen, in denen sich zwei Tendenzen polarisierten. Auf der einen Seite stand die Anerkennung der physikalischen Theorie und der Versuch, fehlerhafte philosophische Verallgemeinerungen zu vermeiden und die Gefahren dieser Verallgemeinerungen aufzuzeigen.[77]) Auf der anderen Seite stand die Überzeugung, daß in der Quantenmechanik der Idealismus in die physikalische Theorie selbst Einzug gehalten hätte.[78]) Auf dieser Grundlage schlugen, wie auch in der Sowjetunion, einige Philosophen Veränderungen in der Theorie vor, die in keinem Falle zu neuen Erkenntnissen führten.

In den 50er Jahren kam es zu einer allmählichen Verhärtung der Fronten. Physiker und Philosophen hatten Meinungsverschiedenheiten im Verständnis der physikalischen Theorie und ihres philosophischen Hintergrundes, die nicht immer den Normen des wissenschaftlichen Meinungsstreites gemäß ausgetragen wurden.[79]) Es machte sich bemerkbar, daß Kader fehlten, die die philosophischen Fragen der einzelnen Wissenschaften auf einem hohen philosophischen und einzelwissenschaftlichen Niveau bearbeiten konnten.

Auf einer Reihe von Konferenzen verständigten sich gegen Ende der 50er Jahre Naturwissenschaftler und Philosophen über die Wichtigkeit der Erforschung der philosophischen Fragen der einzelnen Wissenschaften auf marxistisch-leninistischer Grundlage.[80]) Vorübergehend entstandene Barrieren in der Zusammenarbeit wurden allmählich wieder abgetragen. Man begann mit der systematischen Ausbildung von Kadern auf diesem Spezialgebiet der philosophischen Forschungsarbeit. Es kam auch zu neuen Ansätzen bei der Erforschung der philosophischen Fragen der Quantenmechanik, in denen an die guten Traditionen der 20er und 30er Jahre und die hoffnungsvollen Anfänge nach dem 2. Weltkrieg angeknüpft werden konnte.

Im Mittelpunkt der Forschungsarbeit standen dabei zunächst Fragen der Interpretation moderner physikalischer Theorien.[81]) Hatte man mit der überzogenen Kritik am „physikalischen Idealismus" die Richtigkeit der nichtrelativistischen Quantenmechanik in Zweifel gezogen, berücksichtigte man nun vor allem die inzwischen 30jährige Erfahrung mit dieser Theorie. In der experimentellen Forschung war man innerhalb des Gültigkeitsbereichs der Quantenmechanik nirgends auf ein Phänomen gestoßen, das im Widerspruch zur Theorie gestanden hätte. Gleichzeitig gab es keine theoretischen Argumente, die *zwingend* für eine Modifikation der so erfolgreichen Theorie sprachen. Diese Situation fand ihre Widerspiegelung in dem Umstand, daß den weiteren philosophischen Erörterungen auf dialektisch-materialistischer Grundlage die vorbehaltlose Anerkennung der Theorie vorausging.

Hatte die überzogene Kritik am „physikalischen Idealismus" schließlich dazu geführt, daß unverständlich blieb, wie die Quantenmechanik eigentlich entstehen konnte, fragte man jetzt kaum noch nach den philosophischen Auseinandersetzungen bei der Herausbildung und Entwicklung der Quantenmechanik. Man ging davon aus, daß die richtige Theorie bekannt sei und zu einer Reihe verschiedener philosophischer Verallgemeinerungen geführt hatte. Es ging nun vor allem darum, die fehlerhaften Verallgemeinerungen zurückzuweisen und eine richtige Interpretation der physikalischen Theorie zu finden. Die Spezifik der dialektisch-materialistischen Problemlösungen wurde in der adäquaten Interpretation einer existierenden physikalischen Theorie gesehen.

Somit entstand die Gefahr, die Spezifik der Philosophie in den Forschungsarbeiten zu philosophischen Fragen der Naturwissenschaften zurücktreten zu lassen. Im Anschluß an wegweisende Arbeiten von FOK[82]) konnte man in Vereinfachung des tatsächlichen Sachverhalts häufig Feststellungen antreffen, daß erst die dialektisch-materialistische Interpretation die Quantenmechanik auch physikalisch verständlich mache. Das hätte aber bedeutet: Die Physiker waren zwar in Unkenntnis des dialektischen Materialismus in der Lage, die Quantenmechanik zu entwickeln; verstehen können sie sie jedoch erst, wenn sie sich mit dem dialektischen Materialismus beschäftigen.

Sicher weisen die bis heute anhaltenden Diskussionen um die erkenntnistheoretischen Fragen der Quantenmechanik immer wieder darauf hin, daß die dialektisch-materialistische Analyse grundlegender Probleme den Vorzug hat, bei Beibehaltung materialistischer Ausgangspositionen auch die Veränderungen in den philosophischen Auffassungen der Physiker zu verstehen. Während in Unkenntnis der materialistischen Dialektik häufig solche Alternativentscheidungen verlangt werden, die, in Widerspruch zum methodischen Vorgehen in der physikalischen Forschung, auf der Ebene der philosophischen Reflexionen zu idealistischen Positionen führen (entweder Kausalität oder Akausalität, entweder Determinismus oder Indeterminismus, entweder Notwendigkeit oder Zufall, entweder Wirklichkeit oder Möglichkeit usw.), vermögen dialektische Analysen der neuen Situation in der Physik eine philosophisch und physikalisch adäquate Verallgemeinerung physikalischer Erkenntnisse zu liefern. Die neuen Erkenntnisse der Physik waren nicht selten Grundlage zur Bereicherung des kategorialen Apparates der Theorie der materialistischen Dialektik.[83])

Man durfte dabei aber zugleich nicht übersehen, daß ein Physiker die Quantenmechanik zur Lösung physikalischer Probleme auch benutzen kann, ohne in diese philosophische Grundlagenprobleme einzudringen. Er kann die Quantenmechanik *physikalisch* auch verstehen, ohne dialektischer Materialist zu sein. Die

Spezifik der Philosophie läßt sich nicht auf die Interpretation einzelner wissenschaftlicher Erkenntnisse reduzieren.

Die gegenwärtigen Arbeiten zur Erforschung der philosophischen Fragen der Quantenmechanik auf dialektisch-materialistischer Grundlage können sich auf eine Konzeption über die Zusammenhänge der Philosophie mit den anderen Wissenschaften stützen, die auch diese einseitige Orientierung philosophischer Forschung überwunden hat.

Bei der Bearbeitung der philosophischen Fragen der Quantenmechanik hat man davon auszugehen, daß erkenntnistheoretisch und methodologisch fruchtbare Überlegungen auch auf einer der marxistisch-leninistischen Philosophie fremden philosophisch-weltanschaulichen Grundlage vorgelegt werden und ein Teil der kontrovers diskutierten Fragen vor allem *physikalische* Entscheidungen verlangen. Es ist daher wichtig, die gegenwärtigen Tendenzen bei der Bearbeitung philosophischer Fragen der Quantenmechanik besonders sorgfältig und differenziert zu analysieren. In unserem Zusammenhang geht es zunächst und vor allem um die philosophisch-weltanschaulichen Grundhaltungen, mit denen Physiker und Philosophen (oft in gemeinschaftlichen Diskussionen) um die Lösung der anstehenden Probleme ringen.

4.5. Gegenwärtige Tendenzen in den Diskussionen der philosophischen Fragen der Quantenmechanik

Die Vielfalt der aus der bisherigen Geschichte der Quantentheorie bekannten philosophischen Positionen besteht heute wieder. Die zeitweilige Einengung auf die positivistischen Tendenzen ist nicht zuletzt unter der konsequenten Positivismuskritik des dialektischen Materialismus aufgehoben. Zur Belebung der antipositivistischen Tendenzen haben aber auch die nichtmarxistischen Positivismuskritiken beigetragen und die praktischen

Versuche von Physikern und Philosophen, philosophisch-weltanschauliche Problemstellungen aus den erkenntnistheoretisch-methodologischen Diskussionen auszuklammern. In den konkreten Analysen der philosophischen Fragen der Quantenmechanik selbst wurde immer wieder deutlich, daß man den Fragen nach der Existenz der objektiven Realität und ihrer Abbildbarkeit in wissenschaftlichen Theorien, den weltanschaulichen Implikationen der Subjekt-Objekt-Dialektik und dem Kausalitäts- und Determinismusproblem nicht mit positivistischen Begründungen auszuweichen vermag.

Die sich vor allem an Foks Interpretation der Quantenmechanik anschließenden Arbeiten dialektisch-materialistischer Philosophen und Physiker haben gezeigt, daß in der neuen physikalischen Theorie keineswegs der Idealismus zur philosophisch-weltanschaulichen Grundlage geworden ist. Die in der Theorie erfaßten Verhaltensgesetzmäßigkeiten von Mikroobjekten sind Abbildungen *objektiver* Gesetze. Die Mikroobjekte selbst sind real existierende materielle Objekte, die durch eine Reihe physikalischer Eigenschaften charakterisiert werden (Masse, elektrische Ladung, Spin u. a.), die aber auch über eine Reihe von Eigenschaften der klassischen Objekte nicht mehr verfügen. Sie sind zwar beispielsweise weiterhin individualisiert, aber sie sind keineswegs immer unterscheidbar (Pauli-Prinzip). Koordinate und Impuls sind gleichzeitig nur über die Unbestimmtheitsrelationen (10) bestimmt. Der Zustand dieser Objekte ist weiterhin ein physikalisch real bestimmter Zustand, in dessen Charakteristik die jeweiligen Bedingungen mit eingehen. Die Zustandscharakteristik ψ bestimmt ein objektives Möglichkeitsfeld für die Ergebnisse von Wechselwirkungen des jeweiligen Objektes (Mikroobjekt) mit anderen Objekten (Makroobjekten). Die Realität der Mikroobjekte steht ebenso zweifelsfrei fest wie die Realität der Makroobjekte. In Verallgemeinerung der materialistisch zu verstehenden Relativität von physikalischen Ereignissen gegenüber den Bezugssystemen benötigt man zum materialistischen Verständnis der Quantenmechanik den Begriff der „Relativität bezüglich der Beobachtungsmittel“ (Fok).

Der in der Quantenmechanik zum Ausdruck kommende Materialismus unterscheidet sich aber prinzipiell vom mechanischen Materialismus. Es erweist sich der tiefe philosophische Sinn des Leninschen Materiebegriffes. Danach ist Materie bekanntlich an keinerlei *physikalische* Eigenschaften mehr gebunden sondern bestimmt als objektive Realität, die außerhalb und unabhängig vom Bewußtsein existiert und von diesem widergespiegelt werden kann. In diesem Sinne sind dann auch die Mikroobjekte materiell. Der Materialismus läßt sich also nur noch aufrecht erhalten, wenn man bei der Beantwortung der Grundfrage der Philosophie (Verhältnis Materie — Bewußtsein) den Leninschen Materiebegriff voraussetzt. Mit jedem anderen Materiebegriff sind philosophischer Materialismus und Quantenmechanik unvereinbar.

So wie in der Frage nach der philosophisch-weltanschaulichen Grundlage der Quantenmechanik die Dialektik von ausschlaggebender Bedeutung geworden ist, gilt das auch für die damit engstens verquickte Problematik des Determinismus. Eine metaphysische Determinismuskonzeption und die gesicherten Erkenntnisse der Quantenmechanik schließen einander aus. Das haben die dialektischen Materialisten seit langem erkannt. Ausgehend von dieser Erkenntnis ist insbesondere in den letzten 15 Jahren die dialektisch-materialistische Determinismuskonzeption präzisiert worden. Damit wurden sowohl die positivistische Erklärung von der Sinnlosigkeit der Frage nach dem Determinismus als auch die verschieden begründeten *philosophischen* Indeterminismuskonzeptionen in ihrem philosophischen Kern getroffen.

In der Gesamtheit der Arbeiten auf dialektisch materialistischer Grundlage ist also der Nachweis gelungen, daß die Quantenmechanik mit dem philosophischen Materialismus vereinbar ist und keineswegs mit einer dialektisch-materialistischen Determinismuskonzeption in Widerspruch gerät. Dabei ist gleichzeitig festzustellen, daß die Einzelarbeiten durchaus auch verschiedene, einander ausschließende Positionen enthalten und daß einzelne Autoren unterschiedlich tief in die philosophisch-weltanschaulichen und die physikalischen Probleme eingedrungen sind.[84]) Bei der weiteren Bearbeitung der philosophischen Fragen der Quantenmechanik auf dialektisch-materialistischer Grundlage kann man sich auf eine Reihe philosophisch gesicherter Erkenntnisse stützen, die nach wie vor in der Auseinandersetzung mit den Positionen zu bestehen haben, welche von anderen philosophischen Strömungen formuliert wurden.[85])

Man kann heute vor allem feststellen, daß eine Vielzahl direkter und indirekter Diskussionen zwischen dialektischen Materialisten und Physikern, denen der dialektische Materialismus mehr oder minder fern stand, dazu geführt haben, daß der Einfluß des Positivismus unter den Vertretern der Kopenhagener Deutung zurückgegangen ist.[86]) Diese Auseinandersetzungen haben dazu beigetragen, vor allem die extrem idealistischen Positionen und ihre möglichen physikalischen Konsequenzen deutlich zu machen, denen man auf der Grundlage positivistischen Philosophierens nur schwer ausweichen kann. Die antipositivistischen Tendenzen wurden darüber hinaus durch eine Reihe anderer Faktoren bestärkt.

Bereits die philosophische Tiefe der Überlegungen Heisenbergs und Bohrs in der Phase der Herausbildung und Entwicklung der Quantenmechanik sprachen dagegen, daß sie sich auf der Grundlage der ausgearbeiteten Theorie lange mit der positivistischen Forderung nach der Elimination philosophisch-weltanschaulicher Probleme aus wissenschaftlichen Diskussionen würden abfinden können. Der immerwährende Zwang, sich mit den komplizierten erkenntnistheoretischen Positionen der Quantenmechanik zu beschäftigen, hat bei ihrer Abkehr von positivistisch mißverständlichen Formulierungen vermutlich eine entscheidende Rolle gespielt. Für Bohr war darüber hinaus von großer Bedeutung, wie bedenkenlos die positivistischen Schulphilosophen in den 30er Jahren die Erkenntnisse der Quantenmechanik als Selbstverständlichkeiten hinnahmen. HEISENBERG hat der Pragmatismus verwundert und zugleich erschreckt, mit dem die amerikanischen Physiker auf seine 1929 in den USA gehaltenen Vorträge reagierten.

Von nicht zu unterschätzender Wichtigkeit war BORNS unter dem direkten Einfluß von EINSTEIN und den Vertretern des dialektischen Materialismus erfolgter Wandel in den Auffassungen zum Realismus. Die philosophisch tiefen Analysen PAULIS und v. WEIZSÄCKERS[87]) haben dazu beigetragen, eine Reihe von erkenntnistheoretisch-methodologischen Positionen *innerhalb* der Kopenhagener Deutung zu präzisieren.

Zwar lebten nach dem 2. Weltkrieg auch die positivistischen Tendenzen in der Kopenhagener Deutung der Quantenmechanik fort; sie waren aber abgeschwächt zugunsten verschiedenster explizit philosophischer Stellungnahmen und Bezüge auf andere traditionelle philosophische Strömungen.[88]) Für HEISENBERG war das vor allem der Idealismus PLATONS, für v. WEIZSÄCKER die erkenntniskritische Haltung KANTS, und BOHR kam mehr und mehr auf Positionen, die der Dialektik HEGELS verwandt waren.

Indem die Vertreter der Kopenhagener Deutung sich nun auch verschiedentlich explizit gegen extrem positivistische Auffassungen wandten, wurde immer deutlicher, daß diese Deutung philosophisch nicht notwendigerweise an den Positivismus gebunden war. Zwar wurde damit die positivistische Tendenz weiter abgeschwächt; sie starb aber nicht völlig aus.

In Fortführung positivistischer Tradition wird heute manchmal versucht, zwischen „weltanschaulichem" und „methodischem Positivismus" zu differenzieren.[89]) Man lehnt dann in der Regel den „weltanschaulichen Positivismus" ab und erwartet die Lösungen der anstehenden erkenntnistheoretischen und methodologischen Probleme auf der Grundlage des „methodischen Positivismus“. Dem liegt aber eine nicht aufrecht zu erhaltende Trennung von Weltanschauung und Methodologie zugrunde. Das drückt sich nicht zuletzt wieder darin aus, daß die in der Methodologie angeblich ausgesparten philosophisch-weltanschaulichen Fragen ebenso in ihrer idealistischen Lösung unterstellt sind, wie man das vom traditionellen „weltanschaulichen Positivismus“ her kennt.

Wenn D'ESPAGNAT beispielsweise die Lösung der philosophischen Fragen der Quantenmechanik auf positivistischer Grundlage favorisiert,[90]) meint er damit das, was Wissenschaftsphilosophen „methodischen Positivismus“ genannt haben. Gleichzeitig macht er aber deutlich, wenn er die Quantenmechanik als einen „rein mathematischen Symbolismus“ ansieht,[91]) daß er selbst die idealistische Variante bei der Lösung des Problems Mathematik-Wirklichkeit unterstellt. In den von D'ESPAGNAT u. a. favorisierten Positivismus gehen ebenso wie in frühere Positivismusvarianten idealistische Unterstellungen ein.

EINSTEIN hatte den extremen positivistischen Tendenzen innerhalb der Kopenhagener Deutung eine realistische Position entgegenzusetzen versucht. Dabei sah er die bisherige Quantenmechanik als eine unvollständige Theorie an und forderte auf, nach einer realistischen Ergänzung zu suchen. In dieser Richtung wurden von BOHM, BUNGE, MARGENAU, POPPER u. a. philosophisch begründete Realismusauffassungen entwickelt,[92]) die aber nach wie vor nicht zur Lösung des von EINSTEIN aufgeworfenen Problems geführt haben.

Dieses Problem bedarf zunächst und vor allem einer physikalischen Lösung! Es ist zu klären, ob die Quantenmechanik in dem Sinne eine vollständige Theorie ist, daß sie prinzipiell Modifikationen ausschließt, die Meßresultate mit größerer Genauigkeit vorauszusagen gestattet als die gegenwärtige Theorie. Bislang verbietet die Reduktion der Wellenfunktion jegliche Objektivierung der Größe ψ im klassisch-physikalischen Sinne. Keine der vorgeschlagenen Modifikationen der Quantenmechanik konnte in ihren neuen Konsequenzen experimentell bestätigt werden. Die Flut von Vorschlägen zur Modifikation der Theorie oder der Modifikation der bisherigen Interpretation der existierenden Theorie reißt aber nicht ab. Es werden auch weiterhin experimentelle Überprüfungen einiger Konsequenzen der neuen theoretischen Ansätze unternommen. Da sich das Ergebnis dieser Bemühungen nicht eindeutig abschätzen läßt, muß man die gegenwärtig diskutierten Varianten einschließlich ihres philosophischen Kontextes untersuchen, die zur Lösung der nach wie vor bestehenden Probleme vorgeschlagen werden.

(*1*) *Verborgene Parameter.* Detaillierte Analysen des v. Neumannschen Vollständigkeitsbeweises der traditionellen Quantenmechanik haben eine Reihe einschränkender Bedingungen zutage gefördert, die nicht ohne weiteres evident sind.[93]) Gleichzeitig wurde klar: Wenn eine Theorie mit verborgenen Parametern erfolgreich sein sollte, so würde dadurch der Unterschied zur klassischen Physik nicht gemildert, sondern vielmehr noch verschärft.[94]) Damit scheint festzustehen, daß eine Rückkehr zu mechanistisch-deterministischen Positionen auf der Grundlage der Quantenmechanik weiterhin ausgeschlossen bleibt. Außerdem scheint sich auch die Hoffnung nicht zu erfüllen, daß man dem EPR-Einwand mit einer Theorie verborgener Parameter entgehen könne.[95]) Die Frage nach der Reduktion der Wellenfunktion bleibt ein ernstes Problem.

(*2*) *Reduktion der Wellenfunktion als Resultat prinzipieller Irreversibilität beim Meßprozeß.* Prigogine und Mitarbeiter gehen davon aus, daß der Übergang von der quantenmechanisch beschriebenen Ebene der Mikrophysik zur Ebene der Makrophysik mit der in der nichtlinearen Thermodynamik und statistischen Mechanik erarbeiteten Technik in seinen physikalisch wesentlichen Details aufklärbar ist.[96]) Dabei ist wichtig, daß die mikrophysikalische und die makrophysikalische Ebene zwei prinzipiell verschiedene Ebenen in der strukturellen

Organisation der Materie sind. Es geht darum, die Zusammenhänge dieser qualitativ unterschiedlichen Strukturebenen genauer zu untersuchen.

Die Reduktion der Wellenfunktion ist nach dieser Auffassung eine Folge des im Meßprozeß notwendigen Zusammenschlusses makrophysikalischer Geräte und der mit ihrer Hilfe zu erforschenden mikrophysikalischen Objekte. Dies scheint eine Präzisierung der von Bohr, Fok u. a. vertretenen Auffassung zu sein, derzufolge die Meßgeräte prinzipiell immer makrophysikalische Objekte sein müssen. Dabei wird vorausgesetzt, daß die Quantenmechanik prinzipiell auch auf der Ebene der Makrophysik anwendbar ist.

(3) *Reduktion der Wellenfunktion findet nicht statt.* Everett, de Witt u. a. gehen davon aus, daß der Zustandsvektor nach der Messung immer noch Informationen über den *gesamten* Zustandsvektor vor der Messung enthält.[97]) Um diese Konzeption physikalisch zu realisieren, muß ein aus vielen Komponenten bestehender Zustandsvektor des gesamten Weltalls (den Beobachter eingeschlossen) angenommen werden. Alles, was wir messen, wird von einer Komponente dieses Vektors bestimmt. Um die in der Theorie praktisch vollzogene Reduktion zu begreifen, muß man zu der Annahme Zuflucht nehmen, daß erst für die Totalität des universellen Zusammenhanges eine quantenmechanisch eindeutige Zustandsbestimmung möglich ist, während wir selbst nicht einmal jene Komponente dieses Vektors kennen, die für unsere Versuchsausgänge verantwortlich ist. Bislang konnten aber keine einsichtigen physikalischen Argumente für diese Spekulation erbracht werden. Für eine in allen Problemen auf Totalität gerichtete Philosophie liegt ein sehr verführerisches Moment in dieser Hypothese. Die bisherige Entwicklung der Physik aber gemahnt gerade bei derartigen philosophischen Totalitätsbetrachtungen zur Vorsicht. Bislang ist es immer noch gelungen, solche physikalische Bedingungen zu finden, unter denen man bestimmte Objekte aus dem universellen

Zusammenhang herauslösen kann. Diese Bedingungen aber müssen im einzelnen analysiert werden. Darauf zielt der Standpunkt von Zeh ab:

(*4*) *Isolation der Mikroobjekte ist unter makrophysikalischen Bedingungen nicht eindeutig durchführbar.*[98]) Während Zeh diese Bedingungen im einzelnen analysiert, ohne die Gültigkeit der Quantenmechanik auch auf der Ebene der Makrophysik in Frage zu stellen, sieht Ludwig die Lösung meßtheoretischer Probleme der Quantenmechanik im gegenteiligen Standpunkt.[99])

(*5*) *Quantenmechanik ist für Makrosysteme nicht anwendbar.* Ludwig will damit die Probleme des Übergangs von der mikrophysikalischen zur makrophysikalischen Ebene durch eine radikale Annahme aus der Welt schaffen. Bislang hat aber auch diese Hypothese nicht zu einer in sich konsistenten und praktikablen Theorie des quantenmechanischen Meßprozesses geführt.

Während diese fünf Varianten zur Meßtheorie, die als Alternativen zur v. Neumannschen Theorie entworfen wurden, sich auch gegen die Behauptung v. Neumanns wenden, wonach die Reduktion der Wellenfunktion im Bewußtsein des Beobachters stattfindet, knüpft Wigner gerade an dieser These an.[100])

(*6*) *Reduktion findet im Bewußtsein statt.* Wigner meint die Lösung der Probleme des quantentheoretischen Meßprozesses erst im Rahmen einer physikalischen Theorie finden zu können, in der das Bewußtsein des Beobachters als physikalische Größe eingeht. Damit scheinen idealistische Schlußfolgerungen unausweichlich zu sein.

Auf der Grundlage des bisherigen Standes der physikalischen Forschung widersprechen die Varianten (1)—(5) dem materialistischen Vorgehen nicht, keine von ihnen muß aus *philosophischen* Gründen ausgeschlossen werden. Aus *philosophischen* Gründen aber ist auch das bisherige, im wesentlichen der Kopenhagener Deutung entsprechende pragmatische Vorgehen nicht abzulehnen. Danach ist die Reduktion der Wellenfunktion in der Theorie nicht erklärt. Sie ist ein zusätzliches Postulat.

Mit den anhaltenden Diskussionen um eine Modifikation der Quantenmechanik durch verborgene Parameter und die Problematik der Meßtheorie wird deutlich, daß die Kopenhagener Deutung heute längst nicht mehr jene „Beruhigungsphilosophie" ist, von der EINSTEIN noch 1928 sprach. Zwar haben sich BOHR und HEISENBERG bis an ihr Lebensende gegen bestimmte Varianten einer Theorie verborgener Parameter gewandt und sich pessimistisch gegenüber den Möglichkeiten einer Theorie des quantenmechanischen Meßprozesses gezeigt, die wesentlich über den v. NEUMANNschen Ansatz hinausreicht. Es ist aber weder ihnen noch anderen Vertretern der Kopenhagener Deutung der Quantenmechanik gelungen, die prinzipielle Möglichkeit solcher Ansätze in Frage zu stellen. Damit ist der Wert der Kopenhagener Deutung der Quantenmechanik auch in physikalischer Hinsicht relativiert worden.

Neben den Problemen der Vollständigkeit der Quantenmechanik und der zu dieser Theorie zugehörigen Meßtheorie wird nach wie vor über die Berechtigung einer sogenannten Quantenlogik kontrovers diskutiert. C. F. v. WEIZSÄCKER schloß sich ebenso wie andere Theoretiker der Behauptung an, man müsse die Logik verändern, wenn man die Quantenmechanik adäquat verstehen wolle. Während in der Wissenschaftslogik verschiedene Wege zur Formulierung einer „Quantenlogik" eingeschlagen werden,[101]) in denen Meinungsverschiedenheiten zu Fragen des formalen Aufbaus ausgetragen werden, scheinen in philosophisch-weltanschaulicher Hinsicht die Überlegungen v. WEIZSÄCKERS besonders interessant.

Nachdem SCHEIBE gezeigt hatte, daß ontische Aussagen in der Quantenmechanik nur dann enthalten sind, wenn man die traditionelle Logik verändert,[102]) beschäftigte sich WEIZSÄCKER längere Zeit mit Versuchen, eine Logik zeitlicher Aussagen zu entwickeln.[103]) Ausgehend von der Rolle, die der Wahrscheinlichkeitsbegriff in der Quantenmechanik spielt, macht er auf den fundamentalen Unterschied von Vergangenheit und Zukunft aufmerksam und versucht einen Formalismus zu entwickeln, in dem in der physikalischen Theorie selbst die Gerichtetheit der Zeit explizit enthalten ist. Diese Versuche liegen ganz in Fortführung der BOHRschen Bemühungen, in der Quantenmechanik objektive Gesetze widerzuspiegeln und zugleich die für diesen Widerspiegelungsprozeß verantwortliche Subjekt-Objekt-Relation auf der Ebene der Theorie nicht zu eliminieren.

Wenn bis heute noch nicht eindeutig klar ist, ob man die Quantenmechanik als Ensembletheorie auffassen muß oder als eine Theorie, die auch für das einzelne Objekt gilt, wenn der Status der Reduktion der Wellenfunktion noch nicht eindeutig geklärt ist, wenn in Übereinstimmung mit allen bisherigen experimentellen Erfahrungen noch nicht abschließend gesagt werden kann, ob Modifikationen der Theorie theoretisch möglich sind und sich praktisch bestätigen lassen, wird deutlich, daß es tatsächlich noch physikalisch offene Grundlagenfragen im Bereich der nichtrelativistischen Quantenmechanik gibt.

Diese Probleme sind philosophisch alle aufs engste mit der erkenntnistheoretischen Subjekt-Objekt-Dialektik auf der Basis der materialistischen Lösung der Grundfrage der Philosophie verbunden. Während EINSTEIN dazu neigte, innerhalb einer physikalischen Theorie jegliche Information über die für die Entwicklung dieser Theorie bedeutsamen Subjekt-Objekt-Dialektik auszuschließen, vertrat BOHR die Auffassung, daß dieser Ausschluß spätestens in der Quantenmechanik nicht mehr möglich sei. Beide Positionen sind konsequent materialistisch faßbar. Welche von ihnen die für die weitere Theoriendynamik fruchtbarere ist, läßt sich nur physikalisch entscheiden. Die Lösung dieser physikalischen Probleme wird vermutlich dann auch philosophische Verallgemeinerungen ermöglichen, die unsere bisherigen Erkenntnisse über die Beziehungen der Subjekt-Objekt-Dialektik und der materialistischen Beantwortung der Grundfrage der Philosophie präzisieren.

Auf der Basis der gegenwärtigen Diskussion gibt es zahlreiche Hinweise darauf, daß mit der Quantenmechanik ein weiteres Argument gegen die Möglichkeit einer von den erkenntnistheoretisch-methodologischen Problemen getrennten, eigenständigen Ontologie vorliegt. Es ist einer der entscheidenden Vorzüge dialektisch-materialistischen Philosophierens, Ontologie und Erkenntnistheorie zu einer dialektischen Synthese zusammenzuführen.

Es hat sich einerseits gezeigt, daß zahlreiche Schwierigkeiten auftauchen, wenn man den quantenmechanischen Formalismus als ein System von Größen und ihrer Beziehungen nimmt, die so in der objektiven Realität vorliegen. Keine der philosophischen Realismusvarianten hat bisher zu echten Lösungen geführt. Die Behandlung der ψ-Funktion als klassisch-physikalische Größe führt zum EPR-Einwand, dem man nur entgeht, wenn man langreichweitige Wechselwirkungen postuliert, für die es aber physikalisch sonst keinerlei Hinweise gibt.[104]) Die mathematischen Strukturen des Formalismus scheinen also nicht mit den Zusammenhängen in der objektiven Realität identisch zu sein.

Andererseits wurde deutlich, daß der positivistische Versuch, den quantenmechanischen Formalismus ausschließlich als Symbol zu verstehen, ohne den Abbildcharakter dieser Theorie zu betonen, zu idealistischen Konsequenzen führt, die schwerlich mit den physikalischen Erkenntnissen selbst in Übereinstimmung zu bringen sind (Kopenhagener Deutung).

Ein dialektisch-materialistisches Theorienverständnis ist daher philosophisch die einzige Möglichkeit, beide genannten Schwierigkeiten in Übereinstimmung mit den bisherigen physikalischen Erkenntnissen in diesem Bereich auszuschalten. Die nichtrelativistische Quantenmechanik erweist sich ebenso wie die klassische Mechanik als eine „dialektische Einheit von Abbild und Entwurf."[105]) Die Zusammenhänge in der objektiven Realität lassen sich nicht mit den von der Theorie erfaßten mathematischen Strukturen identifizieren, wohl aber in einem dialektisch verlaufenden Erkenntnisprozeß abbilden.[106]) Innerhalb des Gültigkeitsbereiches der bisherigen Theorie sind vollkommenere Abbildungen der tatsächlichen Zusammenhänge nicht auszuschließen. Was aber tatsächliche Zusammenhänge auf dieser Ebene der Materiestruktur sind, läßt sich gegenwärtig nicht genauer sagen als das in der nichtrelativistischen Quantenmechanik zum Ausdruck kommt.

5. Quantenmechanik und Philosophie

Bei der Formulierung der Quantenhypothese, bei der evolutionären Entfaltung quantentheoretischer Ansätze, bei der Herausbildung der Quantenmechanik (revolutionärer Wendepunkt) und der evolutionären Entfaltung der neuen Mechanik fiel auf, daß diese Entwicklung *keine* eindeutige Folge eines bestimmten philosophischen Denkens war. Es wurden vielfältige philosophische Einflüsse auf diesen Gesamtprozeß nachgewiesen. Der Absolutheitsanspruch neopositivistischer Wissenschaftsphilosophie, daß die Entwicklung der modernen theoretischen Physik nur auf positivistischer Grundlage verständlich sei, konnte im konkreten Fall zurückgewiesen werden. Es wurde sogar gezeigt, daß die Form, in der positivistisches Philosophieren am Ausgangspunkt des Prozesses vorlag, die untersuchte Entwicklung hätte aufhalten können, wenn die entscheidenden Theoretiker nicht rechtzeitig von grundsätzlichen erkenntnistheoretischen Positionen Machs u. a. Philosophen abgerückt wären.

Mit der Diskussion um die Interpretation der Quantenmechanik, deren philosophisch-weltanschauliche Verallgemeinerungen und der erkenntnistheoretisch-methodologischen Fragen des ausgearbeiteten Apparates beanspruchten mehrere philosophische Strömungen, die der Quantenmechanik adäquate Philosophie zu sein. Neben positivistischen und antipositivistischen Tendenzen kam es in der nichtmarxistischen Philosophie sogar zu quantenmechanisch „begründeten“ irrationalen Positionen. Auch im dialektischen Materialismus gab es zeitweilig Schwierigkeiten, die neuen Erkenntnisse der Quantenmechanik philosophisch adäquat zu erfassen. Eine Reihe von führenden Physikern meinte, die Philosophie der Quantenmechanik müsse erst noch geschaffen werden. Alle bislang existierenden philosophischen Strömungen hätten sich als unfähig erwiesen, die mit der Quantenmechanik auftauchenden philosophischen Fragen wissenschaftlich zu lösen.

In den gegenwärtigen Diskussionen der Grundlagenfragen der Quantenmechanik wird deutlich, daß bestimmte physikalische Hypothesen vorzugsweise mit besonderen philosophischen Auffassungen untermauert werden. Nahezu alle bisher diskutierten philosophischen Standpunkte haben ihre Fortsetzung auch in der Gegenwart gefunden.

Wie ist unter diesen Voraussetzungen eine Auswahl unter den philosophischen Konzeptionen zu treffen? Läßt sich eine solche Auswahl überhaupt rational begründen? Welchen Kriterien muß eine solche Begründung unterliegen?

Eine Fülle derartiger Fragen ließe sich vermeiden, wenn es möglich wäre, pluralistische Vielfalt der philosophischen Standpunkte zum praktikablen Arbeitsprinzip zu erheben. Alle praktischen Versuche in diese Richtung laufen aber immer darauf hinaus, implizit oder explizit wieder *eine* philosophische Position eindeutig auszuwählen. Philosophischer Pluralismus ist weder theoretisch möglich noch praktisch irgendwo realisiert worden.

Unter Berücksichtigung der eigenen Erfahrungen und der Erfahrungen aus der Geschichte der einzelnen Wissenschaften gilt es, eine Konzeption über den Zusammenhang der Philosophie mit den anderen Wissenschaften zu begründen, die in sich geschlossen, also auch logisch widerspruchsfrei durchführbar ist.

Eine solche Konzeption läßt sich nicht aus den philosophischen Diskussionen einer Wissenschaft allein begründen. Sie läßt sich erst recht nicht aus der Analyse der Theoriendynamik eines relativ eng begrenzten Gebietes ableiten. Eine solche Konzeption folgt also nicht unmittelbar aus dem konkreten Material, welches bisher untersucht wurde. Wenn es sich aber um eine fruchtbare theoretische Konzeption handelt, läßt sie sich auch am Material einer Wissenschaft rechtfertigen.

In Auseinandersetzung mit den Gefahren positivistischer Reduktion philosophischer Untersuchungen auf die Analyse von Texten und den Gefahren eines spekulativen naturphilosophischen Herangehens kommt es darauf an, verschiedene Ebenen innerhalb der philosophischen Theorie zu unterscheiden und die Funktionen der Philosophie gegenüber den anderen Wissenschaften zu begründen.[1])

Danach ist der dialektische und historische Materialismus die theoretische Grundlage der wissenschaftlichen Weltanschauung der Arbeiterklasse, die in Übereinstimmung mit der bisherigen Entwicklung in Natur, Gesellschaft und im Denken wissenschaftlich begründete Antworten auf die weltanschaulichen Fragen nach der Quelle des Wissens, der Struktur der Materie, der Stellung des Menschen in der Welt, dem Charakter des gesellschaftlichen Fortschritts und dem Sinn des Lebens liefert. Diese Fragen haben in einem langen Erkenntnisprozeß Antworten in den *Grundprinzipien* der marxistisch-leninistischen Philosophie gefunden, die ständig am Material neuer Entwicklungen in Natur, Gesellschaft und im Denken zu überprüfen, zu vertiefen und zu präzisieren sind.

In Übereinstimmung mit den wissenschaftlich gesicherten Erkenntnissen einer bestimmten Zeit kommt man dabei zu *präzisierten philosophischen Aussagen.* Das sind philosophische Erkenntnisse in die, ausgehend von den Grundprinzipien, über einen philosophischen Verallgemeinerungsprozeß auch spezielle Erkenntnisse der einzelnen Wissenschaften einer bestimmten Zeit eingeflossen sind.

Auf der Grundlage präzisierter philosophischer Aussagen und der entsprechenden einzelwissenschaftlichen Erkenntnisse lassen sich *philosophische Hypothesen* entwickeln, die den Erkenntnisfortschritt in den einzelnen Wissenschaften bzw. in der Philosophie zu fördern vermögen.

Danach werden also die in naturwissenschaftlichen Theorien, Gesetzen und experimentell ermittelten Fakten enthaltenen Erkenntnisse nicht schlechthin mit *der* Philosophie konfrontiert, sondern sie sind über verschiedene Bindeglieder (philosophische Hypothesen, präzisierte philosophische Aussagen) mit den philosophischen Grundprinzipien des dialektischen und historischen Materialismus verbunden. Es ergibt sich für den Zusammenhang von Philosophie und Physik die auf S. 178 folgende schematische Darstellung.

Die Spezifik des philosophischen Verallgemeinerungsprozesses liegt in seiner auf die Vertiefung und Präzisierung der weltanschaulichen Grundpositionen orientierten Zielgerichteteheit.[2]) Eine solche Konzeption hat ihre Fruchtbarkeit bei der Behandlung der philosophischen Fragen der Physik zweifelsfrei nachgewiesen.[3]) Die hier untersuchten Zusammenhänge machen erneut deutlich, daß sowohl das Verständnis bisheriger Diskussionen als auch die Lösung der noch offenen Probleme mit einem solchen Vorgehen gefördert werden können.

Da der Übergang von den philosophischen Aussagen größeren Allgemeinheitsgrades zu denen geringeren Allgemeinheitsgrades nicht eindeutig vollzogen werden kann und immer spezielle philosophische Überlegungen erforderlich macht, da insbesondere gleichzeitig verschiedene philosophische Hypothesen zur Entwicklung einer konkreten Wissenschaftsdisziplin unter fixierten Bedingungen möglich sind, erklärt sich innerhalb einer solchen Konzeption sehr zwanglos, warum nicht jede philosophische Verallgemeinerung der nichtrelativistischen Quantenmechanik auf die Grundprinzipien des

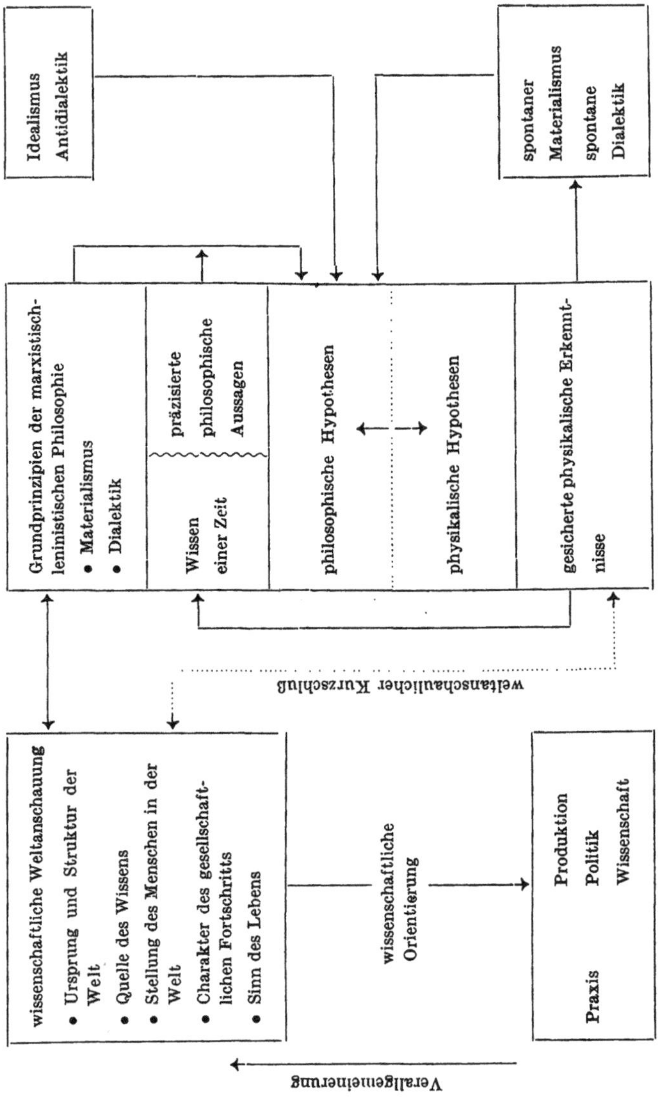
Idealismus
Antidialektik
spontaner Materialismus
spontane Dialektik
Grundprinzipien der marxistisch-leninistischen Philosophie
• Materialismus
• Dialektik
präzisierte philosophische Aussagen
Wissen einer Zeit
philosophische Hypothesen
physikalische Hypothesen
gesicherte physikalische Erkenntnisse
weltanschaulicher Kurzschluß
wissenschaftliche Weltanschauung
• Ursprung und Struktur der Welt
• Quelle des Wissens
• Stellung des Menschen in der Welt
• Charakter des gesellschaftlichen Fortschritts
• Sinn des Lebens
wissenschaftliche Orientierung
Praxis
Produktion
Politik
Wissenschaft
Verallgemeinerung

dialektischen Materialismus stößt und warum einzelwissenschaftlicher Fortschritt unter recht unterschiedlichen philosophischen Voraussetzungen möglich ist.

Der Vorzug einer solchen philosophischen Konzeption liegt aber nicht zuletzt darin, daß deutlich wird, wie gleichzeitig die weltanschauliche, ideologische und heuristische Funktion der Philosophie wahrzunehmen ist. Es besteht hier im Unterschied zu anderen Auffassungen kein methodischer Bruch bei der heuristischen Orientierung des naturwissenschaftlichen Erkenntnisfortschrittes und der philosophisch-weltanschaulichen Verallgemeinerungen neuer wissenschaftlicher Erkenntnisse. So wie sich mit dieser Konzeption weltanschauliche Orientierungen für die naturwissenschaftliche Forschung begründen lassen, kann man auf der Grundlage eines solchen methodischen Vorgehens auch Orientierungen im gesellschaftlichen Handeln auf der Basis richtiger weltanschaulich-ideologischer Einsichten untersuchen. Zwischen der Erforschung von Normen und Werten und den philosophischen Verallgemeinerungen des naturwissenschaftlichen Erkenntnisprozesses besteht kein prinzipieller methodischer Unterschied mehr. Damit wird weder die relative Autonomie der Wissenschaft Philosophie aufgegeben, noch wird die Rolle der Philosophie für die Entwicklung der einzelnen Wissenschaften überhöht.

Die Philosophiegeschichte selbst ist eine Quelle des weiteren philosophischen Fortschrittes, indem bestimmte Lösungen innerhalb bestimmter philosophischer Systeme unter neuen Bedingungen wiederum zu Weiterentwicklungen dieser Wissenschaft anzuregen vermögen. Die Philosophie kann aber als theoretische Grundlage der wissenschaftlichen Weltanschauung keine von den anderen Wissenschaften getrennte Entwicklung erfahren. Daher ist die Geschichte der bisherigen Philosophie selbst nur *eine* der Quellen des weiteren philosophischen Fortschritts.

Eine solche Konzeption enthält im Spezialfall auch die Möglichkeiten zu heuristisch fruchtbaren Orientierungen auf der Grundlage historisch längst überholter philosophischer Systeme. Sie verweist aber zugleich darauf, daß diese heuristisch fruchtbaren Orientierungen nicht mit den weltanschaulichen Orientierungen der Systeme, in deren Rahmen sie formuliert wurden, zusammenfallen müssen.

Wenn Heisenberg Platon gegenüber Demokrit bevorzugt, heißt das nicht, daß der Idealismus die philosophische Grundlage der neuen physikalischen Theorie geworden ist. Dies wird lediglich in einer philosophisch fehlerhaften Verallgemeinerung des realen Theorieentwicklungsprozesses behauptet. In Wirklichkeit hört auch die Quantenmechanik nicht auf, Objekte vorauszusetzen, die unabhängig und außerhalb unseres Bewußtseins existieren und die in einer wissenschaftlichen Theorie in ihren gesetzmäßigen Verhaltenszusammenhängen abgebildet werden. Nur ist der Objektbegriff der Quantenmechanik weitaus komplizierter als der der klassischen Physik. Die neue physikalische Theorie verlangt eine Präzisierung der Form des philosophischen Materialismus. Jener scheinbar mit der klassischen Physik vereinbare metaphysische mechanische Materialismus reicht nicht mehr aus. Auf der Grundlage der entsprechenden philosophischen Analyse der modernen Physik erweist sich dann, daß der mechanische Materialismus eigentlich auch für die klassische Physik zu eng war.

Mit der Analyse des quantenmechanischen Meßprozesses, des Zusammenhangs der klassischen Theorien und der Quantenmechanik, mit dem prinzipiell probabilistischen Verständnis der ψ-Funktion, mit den quantenmechanischen Unbestimmtheitsrelationen und dem Komplementaritätsprinzip stößt man in der Physik auf den Zwang zur Dialektik. Eine dialektisch-materialistische Analyse, die nach philosophischer Verallgemeinerung der physikalischen Erkenntnisse sucht, die Mittel der Philosophie bei der weiteren physikalischen Forschung heuristisch nutzt und sich davor hütet, physikalisch offene Fragestellungen durch philosophische Vorentscheidungen zu belasten, ist einem spontan-dialektischen und einem spontan-materialistischen Herangehen in jedem Falle überlegen. Im bewußt dialektisch-materialistischen Herangehen liegt der Garant, weltanschauliche Fehlschlüsse aus der bisherigen Entwicklung vermeiden zu können. Auf der Grundlage gesicherter weltanschaulicher Grundprinzipien vermögen sich Philosophen und Physiker leichter über die heuristischen Möglichkeiten der Philosophie bei der Förderung des physikalischen Erkenntnisfortschritts zu verständigen. Um bei diesem komplizierten Problem theoretisch weiter zu kommen, ist es wichtig, den Einfluß philosophischer Überlegungen auf die Theoriendynamik im konkreten Einzelfall zu untersuchen.

Anmerkungen

Einleitung

1 Bibliographien mit nahezu 1000 Titeln sind keine Seltenheit. Vom Autor wurden benutzt:
D. R. Nilson, Bibliography on the History and Philosophy of Quantum Physics. In: P. Suppes (ed.), Logic and Probability in Quantum Mechanics, D. Reidel Publishing Company, Dordrecht — Holland 1976, S. 457—520.
E. Scheibe, Bibliographie zu Grundlagenfragen der Quantenmechanik, 1970 erweiterte Fassung der in Philosopia Naturalis **10** (1967) 249—290 veröffentlichten Bibliographie.

2 Siehe dazu: Auswahlbibliographie, 4. Quantenmechanik und dialektischer Materialismus, S. 215ff.

3 Siehe dazu: Auswahlbibliographie, 1. Geschichte der Quantentheorie S. 211ff. Die dort genannten Titel wurden bei der Abfassung dieser Arbeit benutzt, ohne in jedem Falle die historischen Fakten mit Quellenangaben anzuführen. Auf philosophische Meinungsverschiedenheiten mit Autoren historischer Darstellungen wurde nur dann eingegangen, wenn das im Interesse der vorliegenden Arbeit angeraten schien.

4 Siehe dazu beispielsweise:
H. Hörz, Mensch contra Materie? VEB Deutscher Verlag der Wissenschaften, Berlin 1976, S. 47ff.
P. Stulz, Schlaglicht Atom, Militärverlag der Deutschen Demokratischen Republik, Berlin 1973.

5 Diskussionen dieser Probleme sind beispielsweise enthalten in: Материалистическая диалектика и концепция дополнительности, Наукова думка, Киев 1975.
Принцип дополнительности и материалистическая диалектика, Наука, Москва 1976.

6 P. JORDAN, Wie frei sind wir? Naturgesetz und Zufall, A. Fromm, Osnabrück 1971.
S. MÜLLER-MARKUS, Wo die Welt nochmal beginnt, Walter-Verlag, Olten und Freiburg 1970, S. 95ff.
7 Quantum Physics and Parapsychology, Proceedings of an International Conference held in Geneva 1974.
8 Siehe dazu beispielsweise: В. П. Бранский, философскис основания проблемы синтеза релятивистиских и квантовых принципов, Издательство Ленинградского университета 1973.
H. HÖRZ, Materiestruktur. Dialektischer Materialismus und Elementarteilchentheorie, VEB Deutscher Verlag der Wissenschaften, Berlin 1971.
В. И. Кузнецов, философский анализ оснований физики элементарных частиц, Наукова думка, Киев 1977.
М. А. Марков, О природе материи, Наука, Москва 1976.
Н. И. Степанов, Концепции элементарности в научном познании, Наука, Москва 1976.
9 F. KASCHLUHN, Interpretation und Meßprozeß in der Quantenmechanik. In: 75 Jahre Quantentheorie, Festband zum 75. Jahrestag der Entdeckung der Planckschen Energiequanten, Akademie-Verlag, Berlin, 1977 S. 69–80.
10 Siehe dazu S. 174ff.

Kapitel 1

1 M. PLANCK, Physikalische Abhandlungen und Vorträge, Friedr. Vieweg & Sohn, Braunschweig 1958, Bd. 1, S. 698–706.
2 Ebenda, S. 700.
3 D.-E. LIEBSCHER, Theoretische Physik, Akademie-Verlag, Berlin 1973, S. 327.
4 M. PLANCK, Physikalische Abhandlungen, a. a. O., S. 599ff.
5 H.-J. TREDER, Über die Bedeutung von Plancks „Natürlichen Einheiten“. In: Experimentelle Technik der Physik 1 (1976) 1–9.
6 Max-Planck-Festschrift 1958, VEB Deutscher Verlag der Wissenschaften, Berlin 1958.
75 Jahre Quantentheorie, Festband zum 75. Jahrestag der Entdeckung der Planckschen Energiequanten, Akademie-Verlag, Berlin 1977.

M. Strauss, Grundlagen der modernen Physik. In: Mikrokosmos, Makrokosmos, Akademie-Verlag, Berlin 1967, Bd. 2, S. 55–92.

7 M. Planck im Brief vom 7. 10. 1931 an Woods. In: Sources for History of Quantum Physics. Mf. 66,5.

8 In der Darstellung von A. Hermann macht sich für Plancks Entdeckung „der in der Entwicklung der Physik allenthalben spürbare ‚Sachzwang'" geltend, der scheinbar aber die philosophischen Überzeugungen Plancks völlig unangetastet ließ. Vgl. A. Hermann, Frühgeschichte der Quantentheorie, Physik-Verlag, Mosbach 1969, S. 24. Im Gegensatz dazu soll hier gezeigt werden, daß die (freilich unter dem Zwang seiner physikalischen Forschungsarbeiten selbst) erfolgte Abkehr Plancks vom Positivismus Machs und Ostwalds zu den Voraussetzungen seiner grundlegenden physikalischen Entdeckung gehörten.

9 F. Engels, Dialektik der Natur. In: Marx/Engels, Werke, Bd. 20, Dietz Verlag, Berlin 1973, S. 330.

10 Ebenda, S. 548.

11 U. Röseberg, Determinismus und Physik, Akademie-Verlag, Berlin 1975, S. 25.

12 N. Hager, U. Röseberg, Philosophisch-weltanschauliche Aspekte des Weltbildes der klassischen Physik. In: Deutsche Zeitschrift für Philosophie 5 (1977) 577–586.

13 E. Mach, Die Mechanik in ihrer Entwicklung, F. A. Brockhaus, Leipzig 1921 (1. Auflage 1883).

14 E. Mach, Die Prinzipien der physikalischen Optik, Verlag Johann Ambrosius Barth, Leipzig 1921, S. VII.

15 E. Mach, Erkenntnis und Irrtum, Verlag Johann Ambrosius Barth, Leipzig 1905, S. VIII.

16 Die philosophischen Positionen Machs sind von Lenin einer gründlichen Analyse unterzogen worden. Dabei wurde auf die notwendigen Inkonsequenzen hingewiesen, zu denen ein spontan-materialistisch vorgehender Naturwissenschaftler kommen muß, wenn er subjektiv-idealistische Positionen zum Ausgangspunkt seiner philosophischen Reflexionen macht. Lenins Analyse legt die sozialökonomischen und erkenntnistheoretischen Wurzeln sowie die Funktionen des von Mach u. a. begründeten philosophischen Systems in der Klassenkampfsituation nach der Niederlage der russischen Revolution von 1905 in unübertrefflicher Weise bloß. Siehe dazu: W. I. Lenin,

Materialismus und Empiriokritizismus. In: W. I. LENIN, Werke, Bd. 14, Dietz Verlag, Berlin 1968.
Angesichts des anhaltenden Interesses neopositivistisch orientierter Wissenschaftsphilosophie an MACH (vgl. beispielsweise: BRADLEY, Machs Philosophie der Naturwissenschaft, S. Hirzel-Verlag, Stuttgart 1974; R. S. COHEN, R. J. SEEGER (ed.], Ernst Mach: Physicist and Philosopher, D. Reidel Publishing Company, Dordrecht Holland/Boston-USA 1970) u. a. scheint es geboten, ausgewogene dialektisch-materialistische Analysen der tatsächlichen Wirkung MACHscher *Philosophie* auf die Wissenschaftsentwicklung des 20. Jahrhunderts vorzulegen. Dabei stößt man erneut auf Probleme bei der Herausbildung und Entwicklung Machscher philosophischer Auffassungen. Vgl. dazu auch: F. HERNECK, Über eine unveröffentlichte Selbstbiographie Ernst Machs. In: Wissenschaftliche Zeitschrift der Humboldt-Universität Berlin (Math.-natw. R.) **6** (1956/57) 209–220.

17 E. MACH, Die Mechanik, a. a. O., S. 443.

18 Ebenda, S. 473.

19 E. MACH, Erkenntnis, a. a. O., S. 278.
Ders., Die Mechanik, a. a. O., S. 454.

20 Zur Herausbildung und Entwicklung der philosophischen Auffassungen BOLTZMANNS siehe:
E. BRODA, Ludwig Boltzmann. Mensch—Physiker—Philosoph, VEB Deutscher Verlag der Wissenschaften, Berlin 1957.
M. GRUNWALD, Die philosophischen Ansichten Ludwig Boltzmanns. In: Wissenschaftliche Zeitschrift der Universität Jena (Math.-nat. R.) **11** (1962/63) 279–304.

21 L. BOLTZMANN, Populäre Schriften, Verlag Johann Ambrosius Barth, Leipzig 1905, S. 136.

22 Ebenda.

23 E. MACH, Die Mechanik, a. a. O., S. 443.

24 H. HÖRZ, Der dialektische Determinismus in Natur und Gesellschaft, VEB Deutscher Verlag der Wissenschaften, Berlin 1974, S. 47–55.

25 W. I. LENIN, Über die Bedeutung des streitbaren Materialismus. In: Lenin, Werke, Bd. 33, Dietz Verlag, Berlin 1973, S. 213–223.

26 W. I. LENIN, Materialismus, a. a. O., S. 316.

27 E. Mach, Die Mechanik, a. a. O., S. 466.

28 Ebenda.
29 L. Boltzmann, Populäre Schriften, a. a. O., S. 141–157.
30 F. Engels, Anti-Dühring. In: Marx/Engels, Werke, Bd. 20, Dietz Verlag, Berlin 1973, S. 14.
31 E. Mach, Erkenntnis, a. a. O., S. 162/163.
32 Ebenda, S. 18.
33 E. Mach, Die Leitgedanken meiner naturwissenschaftlichen Erkenntnislehre und ihre Aufnahme durch die Zeitgenossen. In: Physikalische Zeitschrift **6** (1910) 599.
34 E. Mach, Die Mechanik, a. a. O., S. 165.
35 L. Boltzmann, Populäre Schriften, a. a. O., S. 347.
36 Ebenda.
37 Ebenda, S. 77.
38 Ebenda, S. 215/216.
39 W. I. Lenin, Zur Frage der Dialektik. In: Lenin, Werke Bd. 38, Dietz Verlag, Berlin 1968, S. 344.
40 L. Boltzmann, Populäre Schriften, a. a. O., S. 216.
41 Ebenda.
42 Ebenda, S. 220–221.
43 Ebenda, S. 222.
44 Ebenda.
45 Ebenda, S. 77.
46 Ph. Frank, Die Bedeutung der physikalischen Erkenntnistheorie Machs für das Geistesleben der Gegenwart. In: Die Naturwissenschaften **5** (1917) S. 65–72.
R. v. Mises, Ernst Mach und die empirische Wissenschaftsauffassung, W. P. van Stockum & Zoon, 'S. Gravenhog 1938.
47 L. Boltzmann, Populäre Schriften, a. a. O., S. 32.
48 Ebenda, S. 147.
49 Ebenda, S. 150.
50 Ebenda, S. 151.
52 Ebenda, S. 357.
51 Ebenda, S. 177.
53 Ebenda, S. 358.
54 Zur Herausbildung und Entwicklung der philosophischen Auffassungen Plancks siehe:
Naturwissenschaft und Philosophie. Zum 100. Geburtstag von Max Planck 1958, Urania-Verlag, Leipzig/Jena 1959.
H. Vogel, Zum philosophischen Wirken Max Plancks, Akademie-Verlag, Berlin 1961.
55 M. Planck, Zur Machschen Theorie der physikalischen

Erkenntnis. In: Vierteljahresschrift für wissenschaftliche Philosophie und Soziologie 1910, H. 4, S. 498.

56 W. OSTWALD, Die Überwindung des wissenschaftlichen Materialismus. In: W. Ostwald, Abhandlungen und Vorträge allgemeinen Inhalts (1887—1903), Veit & Camp, Leipzig 1904, S. 220—240.

57 M. PLANCK, Wissenschaftliche Selbstbiographie, Verlag Johann Ambrosius Barth, Leipzig 1970, S. 16.

58 M. PLANCK, Zur Machschen Theorie, a. a. O.

59 1940 schrieb PLANCK sogar in Verallgemeinerung seiner eigenen Erfahrung: „Ich selbst habe mich noch vor 50 Jahren zu den überzeugten Positivisten gerechnet; diese Periode macht wohl jeder etwas kritisch veranlagte Forscher einmal durch und verharrt in ihr kürzere oder längere Zeit.“ M. Planck, In: Die Naturwissenschaften 28 (1940) 799.

60 M. PLANCK, Wissenschaftliche Selbstbiographie, a. a. O., S. 17.

61 M. PLANCK, Zur Machschen Theorie, a. a. O., S. 498.

62 Ebenda, S. 506.

63 M. PLANCK im Brief vom 7. 10. 1931 an WOODS, a. a. O.

64 M. STRAUSS, Max Planck und die Entstehung der Quantentheorie. In: Festschrift zur 150-Jahr-Feier der Humboldt-Universität zu Berlin, VEB Deutscher Verlag der Wissenschaften, Berlin 1960, S. 367—399.

65 M. Planck in seinen Akademie-Ansprachen, Akademie-Verlag, Berlin 1948, S. 4.

66 M. PLANCK, Zur Machschen Theorie, a. a. O., S. 506.

67 M. Planck in seinen Akademie-Ansprachen, a. a. O., S. 4.

Kapitel 2

1 H. A. LORENTZ im Vortrag auf dem IV. Internationalen Mathematiker-Kongreß in Rom am 8. 4. 1908. Zitiert nach A. HERMANN, Frühgeschichte der Quantentheorie (1899—1913), Physik-Verlag, Mosbach in Baden 1969, S. 52.

2 M. PLANCK, Zur Theorie der Wärmestrahlung (1910). In: M. PLANCK, Physikalische Abhandlungen und Vorträge, Bd. 2, Verlag Vieweg, Braunschweig 1958, S. 247.

3 W. HEISENBERG, Schritte über Grenzen, Verlag Piper, München 1971, S. 285.

4 A. EINSTEIN, Über einen die Erzeugung und Verwandlung des Lichtes betreffenden heuristischen Gesichtspunkt (1905). In: D. TER HAAR, Quantentheorie, Einführung und Originaltexte, Akademie-Verlag, Berlin 1970, S. 118–138.
5 Physiker über Physiker, Akademie Verlag, Berlin 1975, S. 202.
6 F. HERNECK, Einstein und sein Weltbild, Buchverlag Der Morgen, Berlin 1976, S. 109–155.
7 Ebenda, S. 142.
8 Vgl. dazu auch:
F. HERNECK, Die Beziehungen zwischen Einstein und Mach, dokumentarisch dargestellt. In: Wissenschaftliche Zeitschrift der Friedrich-Schiller-Universität Jena (Math.-natw. R.) **1** (1966) 1–14.
Die Herausbildung der philosophischen Positionen EINSTEINS und ihre Entwicklung bleiben weiterhin Gegenstand dialektisch-materialistischer Analysen, die sich auf bereits vorliegende Untersuchung stützen kann. Siehe dazu beispielsweise: B. G. KUZNECOV, Einstein Leben – Tod – Unsterblichkeit, Akademie Verlag, Berlin 1977.
Relativitätstheorie und Weltanschauung, Zur philosophischen und wissenschaftspolitischen Wirkung Albert Einsteins, VEB Deutscher Verlag der Wissenschaften, Berlin 1967.
Zu berücksichtigen sind ferner: A. SCHILPP (Hrsg.), Albert Einstein als Philosoph und Naturforscher, W. Kohlhammer, Stuttgart 1955.
9 N. HANSON, The Concept of the Positron, Cambridge University Press 1963, S. 18–24.
10 M. PLANCK, Eine veränderte Formulierung der Quantenhypothese (1914). In: M. PLANCK, Physikalische Abhandlungen, a. a. O., Bd. 2, S. 330–335.
11 M. PLANCK, Über die Begründung des Gesetzes der schwarzen Strahlung (1912). In: M. PLANCK, Physikalische Abhandlungen, a. a. O., Bd. 2, S. 289.
12 A. EINSTEIN, Zum gegenwärtigen Stand des Strahlungsproblems. In: Physikalische Zeitschrift **10** (1909) 185–193.
13 A. EINSTEIN, Die Plancksche Theorie der Strahlung und die Theorie der spezifischen Wärme. In: Annalen der Physik **22** (1907) 180–190.
14 A. HERMANN, Frühgeschichte, a. a. O., S. 155.

15 K. LASSWITZ, Geschichte der Atomistik, Hamburg und Leipzig 1890.
16 Dokumente der Naturwissenschaft, Abteilung Physik, Band 10.
A. HAAS, Der erste Quantenansatz für das Atom, Stuttgart 1965, S. 16.
17 A. HERMANN, Frühgeschichte, a. a. O., S. 110.
18 F. HUND, Geschichte der Quantentheorie, Wissenschaftsverlag Bibliographisches Institut, Mannheim 1975, S. 54.
19 I. LAKATOS, Falsifikation und die Methodologie wissenschaftlicher Forschungsprogramme. In: I. LAKATOS, A. MUSGRAVE, Kritik und Erkenntnisfortschritt, Verlag Vieweg, Braunschweig 1974, S. 141.
Diese Einschätzung geht insgesamt konform mit positivistischer Ignoranz des philosophischen Schaffens der an der Entwicklung der Quantentheorie beteiligten Physiker, insbesondere aber des Bohrschen philosophischen Schaffens. Sie wird jedoch in der wissenschaftsphilosophischen Literatur keineswegs von der Mehrzahl der Autoren geteilt. Es gibt zahlreiche Arbeiten, in denen gezeigt ist, daß BOHRS philosophische Überlegungen die Theorieentwicklung in der Physik maßgeblich gefördert haben. Vgl. beispielsweise:
K. M. MEYER-ABICH, Korrespondenz, Individualität und Komplementarität. Eine Studie zur Geistesgeschichte der Quantentheorie in den Beiträgen Niels Bohrs, Franz Steiner Verlag GmbH, Wiesbaden 1965.
R. MOORE, Niels Bohr — Ein Mann und sein Werk verändern die Welt, Verlag List, München 1970.
A. PETERSEN, Quantum Physics and the Philosophical tradition, Massachusetts and London, England 1968.
Die Analyse der Entwicklung philosophischer Auffassungen von BOHR auf dialektisch-materialistischer Grundlage wird in ihrer Gesamtheit der Bedeutung des BOHRschen Schaffens noch nicht voll gerecht. Siehe dazu bisher:
Е. М. КЛАУС, У. И. ФРАНКФУРТ, А. М. ФРЕНК, Нильс Бор, Наука, Москва 1977.
I. J. TAMM, Niels Bohr und die moderne Physik. In: Wissenschaft und Fortschritt **11** (1963) 498—502.
20 I. KANT, Kritik der reinen Vernunft, Verlag Philipp Reclam jun., Leipzig 1971, S. 522.
21 Ebenda, S. 523.

22 G. W. F. HEGEL, Vorlesungen über die Geschichte der Philosophie, Dritter Band, Verlag Philipp Reclam jun., Leipzig 1971, S. 514.
23 Ebenda, S. 513/514.
24 A. SOMMERFELD, Atombau und Spektrallinien, Friedr. Vieweg & Sohn, Braunschweig 1919, S. 67.
25 A. EINSTEIN; A. SOMMERFELD, Briefwechsel, Schwabe & Co. Verlag, Basel/Stuttgart 1968, S. 97.
Aus solchen und ähnlichen Bemerkungen läßt sich aber keineswegs schließen, daß SOMMERFELD in positivistischer Tradition für die Elimination philosophisch-weltanschaulicher Fragen plädierte. Vgl. beispielsweise:
A. SOMMERFELD, Wege zur physikalischen Erkenntnis (1936). In: A. SOMMERFELD, Gesammelte Schriften, Friedr. Vieweg & Sohn, Braunschweig 1968, Bd. IV, S. 609–615.
Ders. Philosophie und Physik seit 1900 (1948). Ebenda, S. 640–643.
Ders. Ernst Mach als Physiker, Psycholog und Philosoph. In: Verhandlungen der deutschen physikalischen Gesellschaft 3. R. **19** (1938) XIV, S. 51.
U. W. BENZ, Arnold Sommerfeld. Eine wissenschaftliche Biographie, Diss. Stuttgart 1974.
HEISENBERGS Einschätzung, daß SOMMERFELD die philosophischen Probleme der Relativitätstheorie und Quantenmechanik fremd waren (Vorwort zur zitierten Ausgabe von Sommerfelds Schriften Band I) kann keineswegs eine noch ausstehende dialektisch-materialistische Analyse der Entwicklung der philosophischen Auffassungen SOMMERFELDS ersetzen.
26 K. M. MEYER-ABICH, Korrespondenz, a. a. O.,
27 A. EINSTEIN; A. SOMMERFELD, Briefwechsel, a. a. O., S. 40.
28 A. SOMMERFELD, Zur Theorie der Balmerschen Serie. In: Sitzungsberichte der Bayrischen Akademie der Wissenschaften. München 1915, S. 432.
29 J. FRANK, G. HERTZ, Über die Erregung der 2536-Å-Quecksilberresonanzlinie durch Elektronenstöße (1914). In: D. TER HAAR, Quantentheorie, Einführung und Originaltexte, Akademie-Verlag, Berlin 1970, S. 201–208.
W. GERLACH, Die experimentellen Grundlagen der Quantentheorie, Friedr. Vieweg & Sohn, Braunschweig 1921.

30 A. EINSTEIN, Zur Quantentheorie der Strahlung (1916). In: D. TER HAAR, Quantentheorie, a. a. O., S. 209—228.

31 W. NERNST, Zum Gültigkeitsbereich der Naturgesetze. In: Die Naturwissenschaften 1922, S. 489—495.

32 L. DE BROGLIE, Ondes et quanta. In: Comptes Rendus **177** (1923) 507—510.
L. DE BROGLIE, Untersuchungen zur Quantentheorie (1924).
In: G. LUDWIG, Wellenmechanik, Einführung und Originaltexte, Akademie-Verlag, Berlin 1969, S. 85—108.

33 Insbesondere im Zusammenhang mit DE BROGLIES Modifikationsversuchen zur Quantenmechanik in ihrer Kopenhagener Deutung gibt es mehrere Würdigungen seiner philosophisch-weltanschaulichen Positionen. Vgl. dazu beispielsweise: Ecrits sur l'atome. De Démocrite à de Broglie, Seghers, Paris 1963.
Wave mechanics the first fifty years. A tribute to prof. Louis de Broglie. Ed. W. C. PRICE, Butterworths, London 1973. Eine ausgewogene dialektisch-materialistische Einschätzung der philosophischen Auffassungen DE BROGLIES und insbesondere der Rolle philosophisch-weltanschaulicher und erkenntnistheoretisch-methodologischer Überlegungen bei der Formulierung seiner Hypothese vom durchgängigen Welle-Teilchen-Dualismus steht noch aus.

34 N. BOHR, Über die Serienspektren der Elemente (1920). In: N. BOHR, Drei Aufsätze über Spektren und Atombau. Friedr. Vieweg & Sohn, Braunschweig 1922.
Siehe auch dazu: Die ersten zehn Jahre der Theorie von Niels Bohr über den Bau der Atome. In: Die Naturwissenschaften **27** (1923) 533—605.

Kapitel 3

1 Siehe dazu die jeweils außerordentlich gründlich durchgearbeiteten Neuauflagen von: A. SOMMERFELD, Atombau und Spektrallinien, Verlag Vieweg, Braunschweig 1919 (1921, 1922, 1924; 1929 — Wellenmechanischer Ergänzungsband).

2 Siehe Seite 45.

3 W. HEISENBERG, Der Teil und das Ganze, Verlag Piper, München 1969, S. 87.

4 W. HEISENBERG, Über quantentheoretische Umdeutung kinematischer und mechanischer Beziehungen. (1925) In: G. LUDWIG, Wellenmechanik, Einführung und Originaltexte, Akademie-Verlag, Berlin 1969, S. 195.
5 W. HEISENBERG, Der Teil und das Ganze, a. a. O., S. 89/90.
6 Zur Entwicklung der philosophischen Auffassungen HEISENBERGS siehe:
Г. В. Боголюбова, Мировозрение и научное творчество В. Гейзенберга, Курган 1971.
H. HÖRZ, Werner Heisenberg und die Philosophie, VEB Deutscher Verlag der Wissenschaften, Berlin 1966.
In der wissenschaftsphilosophischen Literatur kann man im Gegensatz zu dieser Wertung philosophischer Positionen HEISENBERGS vom Standpunkt des dialektischen Materialismus vor allem den Versuch finden, den Mitbegründer der Quantenmechanik zu einem Schöpfer einer neuen philosophischen Strömung zu machen.
Vgl. dazu: P. A. HEALAN, Quantum mechanics and objectivity. A study of the physical philosophy of Werner Heisenberg, The Hague Nijhoff 1965.
C. F. v. WEITZÄCKER, Notizen über die philosophische Bedeutung der Heisenbergschen Physik. In: DÜRR, Quanten und Felder, Friedr. Vieweg & Sohn, Braunschweig 1972, S. 11–26.
7 A. HERMANN, Werner Heisenberg in Selbstzeugnissen und Bilddokumenten, Verlag Rowohlt, Hamburg 1976, S. 29ff.
8 W. HEISENBERG, Der Teil und das Ganze, a. a. O., S. 91.
9 Ebenda.
10 W. HEISENBERG im Brief vom 9. 7. 1925 an W. PAULI. In: A. HERMANN, Werner Heisenberg, a. a. O., S. 30.
11 W. HEISENBERG, Der Teil und das Ganze, a. a. O., S. 89/90.
12 M. BORN; P. JORDAN, Zur Quantenmechanik (1925). In: G. LUDWIG, Wellenmechanik, a. a. O., S. 211.
13 Ebenda, S. 237.
14 M. BORN im Brief vom 15. 7. 1925 an A. EINSTEIN. In: A. EINSTEIN; H. und M. BORN, Briefwechsel 1916–1955, Verlag Rowohlt, Hamburg 1972, S. 91.
15 K. LANCZOS, Über eine feldmäßige Darstellung der neuen Quantenmechanik. In: Zeitschrift für Physik **35** (1926) 812–830.
16 E. SCHRÖDINGER, Quantisierung als Eigenwertproblem (1926). In: G. LUDWIG, Wellenmechanik, a. a. O., S. 108ff.

17 E. SCHRÖDINGER, Meine Weltansicht, Paul Zsolnay Verlag GmbH, Hamburg/Wien 1961, S. 14.
18 Ebenda, S. 15.
19 SCHRÖDINGER kehrte dabei immer wieder fasziniert zur griechischen Philosophie zurück. Siehe beispielsweise: E. SCHRÖDINGER, Die Natur und die Griechen, Paul Zsolnay Verlag, Wien 1955.
Ders. 2400 Jahre Quantentheorie. In: Annalen der Physik **6** (1948) 3, S. 43–48.
Diese u. a. Arbeiten SCHRÖDINGERS enthalten zahlreiche Anregungen, wie die Philosophiegeschichte zum tieferen Verständnis gegenwärtiger Forschungsprobleme genutzt werden kann. Die philosophischen Auffassungen SCHRÖDINGERS sind in unserer Literatur noch ungenügend analysiert. Vor allem fehlt eine Gesamteinschätzung. Bislang liegen lediglich Bemerkungen zu Einzelproblemen vor. Siehe beispielsweise:
D. MORAWSKY, Bemerkungen zu Erwin Schrödingers Auffassung vom Naturgesetz. In: Wissenschaftliche Zeitschrift der Ernst-Moritz-Arndt Universität Greifswald (Math.-natw. R.) **3** (1971) 171–172.
20 A. EINSTEIN im Brief vom 27. 1. 1920 an M. BORN. In: A. EINSTEIN; H. u. M. BORN, Briefwechsel, a. a. O., S. 32.
21 A. EINSTEIN im Brief vom 3. 3. 1920 an M. BORN. In: A. EINSTEIN; H. und M. BORN, Briefwechsel, a. a. O., S. 37.
22 E. SCHRÖDINGER, Quantisierung als Eigenwertproblem (Zweite Mitteilung) — (1926). In: G. LUDWIG, Wellenmechanik, a. a. O., S. 138.
23 Ebenda.
24 E. SCHRÖDINGER, Über das Verhältnis der Heisenberg-Born-Jordanschen Quantenmechanik zu der meinen (1926). In: G. LUDWIG, Wellenmechanik, a. a. O., S. 167.
25 Ebenda, S. 169/170.
26 M. BORN, Quantenmechanik der Stoßvorgänge (1926). In: G. LUDWIG, Wellenmechanik, a. a. O., S. 259.
27 M. BORN, Physik im Wandel meiner Zeit, Friedr. Vieweg & Sohn, Braunschweig, Akademie-Verlag, Berlin 1957, S. 173. Daraus ergaben sich für das philosophische Denken BORNS weitreichende Folgen. Siehe dazu beispielsweise: M. E. ОМЕЛЬЯНОВСКИЙ, Послесловие к: М. БОРН, Моя

жизнь и взгляды, Прогресс Москва 1973, стр. 159—172. H. VOGEL, Physik und Philosophie bei Max Born, VEB Deutscher Verlag der Wissenschaften, Berlin 1968.

28 U. RÖSEBERG, Determinismus und Physik, Akademie-Verlag, Berlin 1975, S. 104ff.

29 J. v. SAČKOV, Wahrscheinlichkeit und Struktur, Akademie-Verlag, Berlin 1977, S. 146ff.

30 M. BORN, Quantenmechanik der Stoßvorgänge, a. a. O., S. 239.

31 M. BORN, Zur Quantenmechanik der Stoßvorgänge / Vorläufige Mitteilung / (1926). In: Dokumente der Naturwissenschaft Abteilung Physik, Band 1; M. BORN, Zur statistischen Deutung der Quantentheorie, Stuttgart 1962, S. 51.

32 M. BORN, Quantenmechanik der Stoßvorgänge, a. a. O., S. 239.

33 Ebenda, S. 259.

34 M. BORN, Das Adiabatenprinzip in der Quantenmechanik (1926). In: Dokumente der Naturwissenschaft Abteilung Physik, Band 1, a. a. O., S. 94.

35 W. HEISENBERG (1926), zitiert nach: Dokumente der Naturwissenschaft Abteilung Physik, Band 1, S. 19.

36 M. BORN, Das Adiabatenprinzip, a. a. O., S. 96.

37 Ebenda, S. 94.
Siehe auch: M. BORN; V. FOCK, Beweis des Adiabatensatzes. In: Zeitschrift für Physik **51** (1928) 165—180.
M. BORN, Bemerkungen zur statistischen Deutung der Quantenmechanik. In: BOPP, F., Werner Heisenberg und die Physik unserer Zeit, Friedr. Vieweg & Sohn, Braunschweig 1961, S. 103ff.

38 Hierzu zählen vor allem hydrodynamische Deutungen der SCHRÖDINGER-Gleichung durch MADELUNG (1926), ISAKSON (1927), KORN (1927); die 1926 von DE BROGLIE begründete Interpretation der zweifachen Lösungen und eine Reihe späterer bis in die Gegenwart reichender Versuche. Siehe dazu: M. JAMMER, The Philosophy of Quantum Mechanics, a. a. O., S. 20—54, S. 417—469.

39 W. HEISENBERG, Über den anschaulichen Inhalt der quantentheoretischen Kinematik (1927). In: Dokumente der Naturwissenschaft Abteilung Physik, Band 4. W. HEISENBERG; N. BOHR, Die Kopenhagener Deutung der Quantentheorie, Stuttgart 1963, S. 9—35.

40 In HEISENBERGS erster Publikation wurde die Unbestimmtheitsrelation in der Form $\Delta q \cdot \Delta p \sim h$ mitgeteilt. Spätere Untersuchungen haben diese Relationen mathematisch weiter präzisiert, ohne ihren physikalischen Kern zu verändern. Siehe beispielsweise: M. JAMMER, The Philosophy, a. a. O., S. 55–84.

41 Zur Problematik eines mit der Quantenmechanik verträglichen Bahnbegriffes siehe: U. RÖSEBERG, Determinismus, a. a. O., S. 89ff.

42 W. HEISENBERG, Der Teil, a. a. O., S. 111.

43 W. HEISENBERG, Über den anschaulichen Inhalt, a. a. O., S. 9.

44 Ebenda, S. 11.

45 Ebenda, S. 22.

46 Ebenda, S. 34.

47 Sources for History of Quantum Physics, Interview mit W. Heisenberg 8, S. 16.

48 W. HEISENBERG, Erinnerungen an die Zeit der Entwicklung der Quantenmechanik. In: Theoretical Physics in the Twentieth Century. A Memorial Volume to Wolfgang Pauli, Ed. M. FIERZ, V. F. Weiskopf, Interscience Publishers Inc., New York 1960, S. 45.

49 Л. Б. БАЖЕНОВ, Дополнительность и единство противоположностей. В: Принцип дополнительности и материалистическая диалектика, Наука Москва 1976, стр. 5–15.
W. D. KRAEFT, H. VOGEL, Welle-Teilchen-Dualismus und dialektischer Widerspruch. In: Deutsche Zeitschrift für Philosophie 3 (1970) 341–346.
A. LANDÉ, From dualism to unity in quantum physics. Cambridge Univ. Press 1960.

50 BOHRS Gedankengänge werden seiner ersten Zusammenfassung entnommen. Vgl. dazu: N. BOHR, Das Quantenpostulat und die neuere Entwicklung der Atomistik. In: N. BOHR, Atomtheorie und Naturbeschreibung, Verlag von Julius Springer, Berlin 1931, S. 34ff.

51 Ebenda, S. 36.

52 Ebenda.

53 Ebenda, S. 6.

54 W. HEISENBERG, Die Entwicklung der Quantentheorie 1918–1928. In: Die Naturwissenschaften **17** (1929) 494.

55 Durch Arbeiten von DIRAC, JORDAN und v. NEUMANN u. a.

wurde die mathematische Ausgestaltung der Theorie weiter vervollkommnet. Siehe dazu beispielsweise:
Dokumente der Naturwissenschaft Abteilung Physik, Band 7, P. JORDAN, P. A. M. DIRAC, Die quantenmechanische Transformationstheorie.
J. v. NEUMANN, Mathematische Grundlagen der Quantenmechanik, Springer-Verlag, Berlin 1932.

56 N. BOHR, Atomtheorie und Naturbeschreibung, a. a. O.

57 N. BOHR, Wirkungsquantum und Naturbeschreibung (1929). In: N. BOHR, Atomtheorie und Naturbeschreibung, a. a. O., S. 63.

58 W. HEISENBERG, Zur Geschichte der physikalischen Naturerklärung. (1932) In: W. HEISENBERG, Wandlungen in den Grundlagen der Naturwissenschaft, Verlag S. Hirzel, Leipzig 1945, S. 36.

59 N. BOHR, Die Atomtheorie und die Prinzipien der Naturbeschreibung. (1929) In: N. BOHR, Atomtheorie, a. a. O. S. 77.

60 N. BOHR, Wirkungsquantum und Naturbeschreibung (1929). In: N. BOHR, Atomtheorie, a. a. O., S. 63.

61 N. BOHR, Das Quantenpostulat und die neuere Entwicklung der Atomtheorie. (1927) In: N. BOHR, Atomtheorie, a. a. O., S. 58.

62 W. PAULI, der 1923 noch unsicher war, ob den statistischen Gesetzen prinzipiell Bedeutung zukommt, schrieb 1952 im Brief an M. BORN von seiner Überzeugung, „daß der statistische Charakter der Ψ-Funktion und damit der Naturgesetze den Stil der Gesetze wenigstens für einige Jahrhunderte bestimmen wird“. Dokumente der Naturwissenschaft Abteilung Physik, Bd. 1, S. 24.

63 Vgl. H. HÖRZ, Der dialektische Determinismus in Natur und Gesellschaft, VEB Deutscher Verlag der Wissenschaften, Berlin 1974, S. 36—47.

64 B. SPINOZA, Ethik, Philipp Reclam jun., Leipzig 1972, S. 138/139.

65 Dieser Aspekt erkenntnistheoretischer Untersuchungen ist Gegenstand eines von Wissenschaftlern der UdSSR und der DDR gemeinsam betriebenen Forschungsprojektes. Siehe dazu: Experiment — Modell — Theorie, Materialien des Zentralinstituts für Philosophie der AdW der DDR, Berlin 1977.

66 Hier wurden die philosophisch-weltanschaulichen Aspekte

dieses Prozesses in ihrer für die physikalische Forschung bedeutsamen erkenntnistheoretisch-methodologischen Spezifik behandelt. Die sich aus der gesellschaftlichen Determination der Wissenschaftsentwicklung dafür ergebenden Konsequenzen sind bislang noch nicht hinreichend untersucht. Siehe: J. ERPENBECK, U. RÖSEBERG, Wissenschaftsentwicklung, Theorienentwicklung und Entwicklungstheorie. In: Deutsche Zeitschrift für Philosophie 2, (1977) 133–149.
Für die betrachtete Phase der Theorieentwicklung liegen Detailuntersuchungen zu dieser Problematik vor. Siehe beispielsweise: R. ROMPE, Zur Geschichte der Beziehungen der Quantenphysik und der Technik in den ersten Jahrzehnten des 20. Jahrhunderts. In: 75 Jahre Quantentheorie. Festband zum 75. Jahrestag der Entdeckung der Planckschen Energiequanten, Akademie-Verlag, Berlin 1977, S. 13–24.

Kapitel 4

1 N. BOHR, Die Atomtheorie und die Prinzipien der Naturbeschreibung (1929). In: N. BOHR, Atomtheorie und Naturbeschreibung, Verlag Julius Springer, Berlin 1931, S. 72.
2 A. SOMMERFELD, Atombau und Spektrallinien, Friedr. Vieweg & Sohn, Braunschweig 1919.
3 L. DE BROGLIE, Wellenmechanik, Akademische Verlagsgesellschaft, Leipzig 1928.
J. FRENKEL, Einführung in die Wellenmechanik, Verlag Springer, Berlin 1929.
A. E. HAAS, Materiewellen und Quantenmechanik, Akademische Verlagsanstalt, Leipzig 1928.
A. LANDÉ, Die neuere Entwicklung der Quantentheorie, Verlag Theodor Steinkopff, Dresden 1926.
A. LANDÉ, Optik, Mechanik und Wellenmechanik. In: H. GEIGER, K. SCHEEL, Handbuch der Physik, Verlag Springer, Berlin 1928, Bd. 28.
E. SCHRÖDINGER, Abhandlungen zur Wellenmechanik Verlag J. A. Barth, Leipzig 1926.
E. SCHRÖDINGER, Vier Vorlesungen über Wellenmechanik, Verlag Springer, Berlin 1928.
A. SOMMERFELD, Atombau und Spektrallinien, Quanten-

mechanischer Ergänzungsband, Verlag Vieweg, Braunschweig 1929.

4 M. Born, P. Jordan, Elementare Quantenmechanik, Verlag Springer, Berlin 1929.

5 W. Heisenberg, Die physikalischen Prinzipien der Quantentheorie, Verlag S. Hirzel, Leipzig 1930.
В. А. Фок, Начало квантовой механики, КУБУЧ, Ленинград 1932. В. А. Фок, Основы квантовой механики и границы её применимости, Москва 1936.

6 D. Hilbert, J. v. Neumann, L. Nordheim, Über die Grundlagen der Quantenmechanik. In: Mathematische Annalen 98 (1927) 1—30.
J. v. Neumann, Mathematische Begründung der Quantenmechanik u. a. Arbeiten. (1927—1928). In: J. v. Neumann, Collected Works, Pergamon Press, New York, Oxford, London, Paris 1961, S. 151ff.
J. v. Neumann, Mathematische Grundlagen der Quantenmechanik, Springer-Verlag, Berlin 1932.
H. Weyl, Gruppentheorie und Quantenmechanik, Hirzel-Verlag, Leipzig 1928.

7 P. Jordan, Anschauliche Quantentheorie, Springer-Verlag, Berlin 1936, S. 315.

8 P. Jordan, Naturgesetz und Mathematik. In: Dürr, Quanten und Felder, Verlag Vieweg, Braunschweig 1972, S. 101ff.

9 P. Jordan, Anschauliche Quantentheorie, a. a. O., S. VIII.

10 H. Ley, Th. Müller, Kritische Vernunft und Revolution, Verlag Pahl-Rugenstein, Köln 1971, S. 25.

11 Die philosophischen Auffassungen Jordans waren wiederholt Gegenstand kritischer Auseinandersetzungen. Siehe beispielsweise:
H. Laitko, Zur philosophischen Konzeption des Physikers Pascual Jordan. Versuch einer kritischen Analyse, Phil. Diss. Berlin 1964.

12 P. A. M. Dirac, Die Prinzipien der Quantentheorie, Verlag Hirzel, Leipzig 1930.

13 Ebenda, S. V.

14 Ebenda.

15 Ebenda, S. VI.

16 N. Bohr, Diskussion mit Einstein über erkenntnistheoretische Probleme in der Atomphysik. In: Schlipp (Hrsg.),

Albert Einstein als Philosoph und Naturforscher, W. Kohlhammer Verlag, Stuttgart 1951.
M. BORN, Physik im Wandel meiner Zeit, Friedr. Vieweg & Sohn, Braunschweig/Akademie-Verlag, Berlin 1957.
W. HEISENBERG, Physik und Philosophie, Ullstein GmbH, Frankfurt/M./Berlin/Wien 1959, S. 104–119.
M. JAMMER, The Philosophy of Quantum Mechanics, John Wiley & Sons New York/London/Sydney/Toronto 1974, S. 108ff.
C. F. v. WEIZSÄCKER, Zum Weltbild der Physik, S. Hirzel Verlag, Stuttgart 1970, S. 200–210.

17 Siehe dazu den entsprechenden Briefwechsel:
A. EINSTEIN/A. SOMMERFELD, Briefwechsel, Schwabe & Co Verlag, Basel/Stuttgart 1968, S. 105ff.
A. EINSTEIN/H. u. M. BORN, Briefwechsel 1916–1955, Verlag Rowohlt, Hamburg 1971, S. 90ff.
K. PRZIBRAM, Briefe zur Wellenmechanik, Springer-Verlag Wien 1963.

18 K. R. POPPER, Logik der Forschung, J. C. B. Mohr (Paul Siebeck), Tübingen 1971 (1. Auflage 1934).
I. LAKATOS, Falsifikation und die Methodologie wissenschaftlicher Forschungsprogramme. In: I. LAKATOS/A. MUSGRAVE, Kritik und Erkenntnisfortschritt, Verlag Vieweg, Braunschweig 1974, S. 89ff.

19 A. EINSTEIN, Physik und Wirklichkeit (1936): In: A. EINSTEIN, Aus meinen späten Jahren, Deutsche Verlags-Anstalt, Stuttgart 1952, S. 63–103,

20 A. EINSTEIN im Brief an E. SCHRÖDINGER (31. 5. 28), In: K. PRZIBRAM, Briefe zur Wellenmechanik, a. a. O. S. 29.

21 Vgl. beispielsweise die zusammenfassenden Berichte in: M. JAMMER, The philosophy of quantum mechanics, a. a. O.

22 A. EINSTEIN; B. PODOLSKY; N. ROSEN, Can Quantum-Mechanical Description of Physical Reality be Considered Complete? In: Phys. Rev. **47** (1935) 777.

23 M. JAMMER, The philosophy, a. a. O., S. 189–246.
J. M. JAUCH, Foundations of Quantum Mechanics, Addison-Wesley Reading, Mass. 1968.

24 A. EINSTEIN, Autobiographisches. In: Albert Einstein als Philosoph und Naturforscher, W. Kohlhammer Verlag, 1951, S. 30.

25 A. EINSTEIN, Bemerkungen zu den in diesem Band vereinig-

ten Arbeiten. In: Albert Einstein als Philosoph, a. a. O., S. 494.

26 Ebenda.

27 A. Einstein, Autobiographisches, a. a. O., S. 31.

28 N. Bohr, Can Quantum-Mechanical Description of Physical Reality be Considered Complete? In: Phys. Rev. 48 (1935) 696.

29 D. Bohm, Quantum Theory, Prentice-Hall. Englewood Cliffes N. J. 1951.
К. В. Никольский, Квантовые процессы, Государственное издательнство технико — теоретической литературы, Москва—Ленинград 1940.
Я. П. Терлецкий, Динамические и статистические законы физики, Издательство МГУ, Москва 1950.

30 Diese Problematik ist ausführlich diskutiert in: U. Röseberg, Determinismus und Physik, Akademie-Verlag, Berlin 1975.

31 Zur kritischen Analyse dieser Positionen siehe: J. Schreiter, Zur Kritik der philosophischen Grundpositionen des Wiener Kreises, Akademie-Verlag, Berlin 1977.

32 L. Wittgenstein, Tractatus logico-philosophicus, Suhrkamp Verlag, Frankfurt/M. 1976 (1. Auflage 1921).

33 R. Carnap, Scheinprobleme in der Philosophie. Das Fremdpsychische und der Realismusstreit, Suhrkamp Verlag Frankfurt/M. 1966 (1. Auflage 1928).

34 J. Jeans, Physik und Philosophie, Rascher-Verlag, Zürich 1944.

35 B. Bavink, Ergebnisse und Probleme der Naturwissenschaften, S. Hirzel-Verlag, Zürich 1949, S. 218—248 (1. Auflage 1930).
H. Bergmann, Der Kampf um das Kausalgesetz, Verlag Vieweg, Braunschweig 1929.
E. Cassirer, Determinismus und Indeterminismus in der modernen Physik, Wettergren & Kerbers Förlag, Göteborg 1937.
Ph. Frank, Das Kausalgesetz und seine Grenzen, Verlag Julius Springer, 1932.
R. v. Mises, Wahrscheinlichkeit, Statistik und Wahrheit, Springer-Verlag, New York 1972 (1. Auflage 1928).
H. Reichenbach, Philosophische Grundlagen der Quantenmechanik, Birkhäuser Verlag, Stuttgart 1949.

SCHLICK, M., Gesammelte Aufsätze 1926–1938, Gerald & Co., Wien 1938, S. 41 ff.
H. WEYL, Philosophie der Mathematik und Naturwissenschaft, R. Oldenbourg, München–Wien 1966 (1. Auflage 1928), S. 239–279.

36 N. BOHR, Das Quantenpostulat und die neuere Entwicklung der Atomistik (1927). In: N. BOHR, Atomtheorie und Naturbeschreibung, a. a. O., S. 34ff.

37 M. BORN, Physik im Wandel meiner Zeit, a. a. O., S. 49.

38 W. HEISENBERG, Über den anschaulichen Inhalt der quantentheoretischen Kinematik und Mechanik. In: Dokumente der Naturwissenschaft Abteilung Physik, Band 4, S. 34.

39 H. BERGMANN, Der Kampf um das Kausalgesetz, a. a. O., S. 6.

40 Ebenda, S. 49.

41 Ebenda.

42 Ebenda, S. 58.

43 Ebenda, S. 74.

44 Ebenda, S. 76.

45 Ebenda, S. 6.

46 Ebenda, S. 4.

47 Vgl dazu auch:
H. DINGLER, Der Zusammenbruch der Wissenschaft und der Primat der Philosophie, Ernst Reinhardt München 1931, S. 116–125.
G. HERMANN, Die naturphilosophischen Grundlagen der Quantentheorie. In: Abhandlungen Friessche Schule, Neue Folge **6** (1937) 69–152.
E. MAY, In: Die Bedeutung der modernen Physik für die Theorie der Erkenntnis, Verlag Hirzel, Leipzig 1937, S. 47–154.

48 H. DINGLER, Die Methode der Physik, Ernst Reinhardt, München 1938, insbesondere S. 367–390.

49 Vgl. dazu die entsprechenden Arbeiten in: Erkenntnis, Einheitswissenschaft, Veröffentlichungen des Vereins Ernst Mach, Schriften zur wissenschaftlichen Weltauffassung, International Encyclopaedia of Unified Science u. a.

50 F. ENGELS, Die Naturforschung in der Geisterwelt (Dialektik der Natur). In: MEW Bd. 20, Dietz Verlag, Berlin 1973, S. 337–347.

51 A. S. EDDINGTON, Das Weltbild der Physik und ein Versuch

seiner philosophischen Deutung, Friedr. Vieweg & Sohn, Braunschweig 1931, S. 24.

52 Ebenda, S. 3.

53 Ebenda, S. 226.

54 Ebenda, S. 337.

55 Extrem gefährlich war die Gegnerschaft der Vertreter der sogenannten „deutschen Physik" unter den Bedingungen des faschistischen Deutschlands. Dort hatte beispielsweise STARK im Anschluß an einen Artikel von HEISENBERG im „Völkischen Beobachter" (28. 2. 1936) scharf gegen dessen Rechtfertigung der Legitimität der theoretischen Physik und deren Eckpfeiler (Plancksche Quantentheorie und Einsteinsche Relativitätstheorie) polemisiert. Den extrem empiristischen Orientierungen von Anhängern der „deutschen Physik" erschien die seit der Jahrhundertwende einsetzende Entwicklung der theoretischen Physik als formalistische Verirrung der physikalischen Forschung, die sie politisch diffamierten, indem sie sie mit den wahnwitzigen Rassentheorien faschistischer Ideologen in Zusammenhang brachten. Sie machten für die „verwerfliche" Entwicklung der Physik den „jüdischen Geist" verantwortlich und versäumten nicht gegen die „arischen Gesinnungsgenossen" politisch vorzugehen (J. STARK in: Das Schwarze Korps, 15. 7. 1938)

Erst unter den strengsten Zwängen der Kriegsforschung konnten diese politischen Angriffe auf physikalische Theorien und die theoretische Physik in ihrer Gesamtheit zurückgewiesen werden. Vgl. dazu beispielsweise: C. RAMSAUER, Eingabe an Rust. In: Physikalische Blätter **3** (1947) 43–46.

56 Zur kritischen Analyse der erkenntnistheoretischen Positionen des kritischen Realismus siehe:

K. F. WESSEL, Kritischer Realismus und dialektischer Materialismus, VEB Deutscher Verlag der Wissenschaften, Berlin 1971.

57 Zur kritischen Analyse der erkenntnistheoretischen Positionen des Neothomismus siehe:

В. И. ГАРАДЖА, Неотомизм — разум — наука. Критика католической концепции научного знания, Мысль Москва 1969.

G. KLAUS, Jesuiten — Gott — Materie, VEB Deutscher Verlag der Wissenschaften, Berlin 1957.

М. В. Желнов, Критика гносеологии современного неотомизма, Издательство МГУ, Москва 1971.

58 J. Jeans, Die neuen Grundlagen der Naturerkenntnis, Deutsche Verlagsanstalt, Stuttgart/Berlin 1934, S. 323.
P. Jordan, Der Naturwissenschaftler vor der religiösen Frage, Stalling, Oldenburg/Hamburg 1965.

59 Zur kritischen Analyse der erkenntnistheoretischen Positionen des Neopositivismus siehe:
Н. Г. Михай, Критика гносеологии неорационализма, Штиинца, Кишинев 1973.
I. S. Narski, Positivismus in Vergangenheit und Gegenwart, Dietz Verlag, Berlin 1967.

60 М. А. Киссель, Судьба старой дилеммы. Рационализм и эмпиризм в буржуазной философии XX века, Мысль, Москва 1974.

61 Основания новой квантовой механики, Государственное издательство, Москва—Ленинград 1927, стр. 4.

62 In zahlreichen nichtmarxistischen Einschätzungen werden die Diskussionen der 20er und 30er Jahre völlig ignoriert bzw. stark vernachlässigt. Die unter der Zuspitzung der weltweiten ideologischen Auseinandersetzungen zwischen Sozialismus und Imperialismus sich in den sozialistischen Ländern außerordentlich kompliziert gestaltenden Diskussionen der philosophischen Fragen der Naturwissenschaften gegen Ende der 40er und Anfang der 50er Jahre erscheinen dann als ein völlig unverständliches Phänomen. Vgl. dazu beispielsweise:
H. Dahm, Die Dialektik im Wandel der Sowjetphilosophie, Verlag Wissenschaft und Philosophie, Köln 1963.
J. W. Görlich, Zur Problematik der materialistisch-dialektischen Analyse und Interpretation physikalischer Forschungsergebnisse, FU Osteuropa-Institut, Berlin 1965.
F. Rapp, Gesetz und Determination in der Sowjetphilosophie, D. Reidel Publishing Company, Dordrecht — Holland/Boston — USA 1968.

Die Unterschätzung der frühen sowjetischen Diskussionen ist auch für eine Reihe von Analysen charakteristisch, die Physiker über die Entwicklung der philosophischen Auseinandersetzungen um die Quantenmechanik angefertigt haben, bzw. die von Philosophen erstellt wurden, welche vor allem um ein Verständnis der Schwierigkeiten des

Ringens um dialektisch-materialistische Problemlösungen bemüht sind. Vgl. dazu beispielsweise:
L. R. GRAHAM, Dialektischer Materialismus und Naturwissenschaften in der UdSSR, I. Teil, S. Fischer Verlag, Frankfurt/M. 1974.
J. MEHRA, The Quantum Principle, D. Reidel Publishing Company, Dordrecht — Holland/Boston — USA 1974, S. 78ff. Eine geschichtsbewußte dialektisch-materialistische Problemanalyse, die die vergangenen Diskussionen als kritisches Korrektiv gegenwärtiger und zugleich als nach wie vor aktuellen, noch keineswegs erschöpften Quell potentieller Anregungen ansieht, hat dem frühen gemeinsamen Ringen von Philosophen und Physikern um dialektisch-materialistische Problemlösungen ganz besondere Aufmerksamkeit zu widmen. Nur aus dem Verständnis der in den 20er und 30er Jahren auftauchenden Probleme lassen sich die Schwierigkeiten der späteren Diskussionen adäquat beurteilen. Siehe dazu:
K. CH. DELOKAROV, Relativitätstheorie und Materialismus, Akademie-Verlag, Berlin 1977.
Was für die Beziehungen der sowjetischen Diskussionen der 20er und 30er Jahre zu denen der 40er und 50er gilt, trifft mit verständlichen Einschränkungen für die entsprechenden Diskussionen von Philosophen und Physikern in den ersten Jahren nach dem 2. Weltkrieg und zu Beginn der 50er Jahre in der DDR zu. Siehe dazu:
Zur Geschichte der marxistisch-leninistischen Philosophie in der DDR (1945 bis zu Beginn der 60er Jahre), Kapitel 2, 3 und 8 (in Vorbereitung).

63 И. ОРЛОВ, О законе случайных явлений. В: Под знаменем марксизма 1924, № 8—9.
А. ТИМИРЯЗЕВ, Теория „квант" и современноя физика. В: Под знаменем марксизма 1923, № 2—3.
З. ЦЕЙТЛИН, О „мистической" природе световых квант. В: Под знаменем марксизма 1925, № 4.

64 А. ТИМИРЯЗЕВ, Теория „квант", a. a. O., S. 120.

65 Съезд русских физиков. В: Под знаменем марскизма 1927, № 1.

66 Siehe dazu:
К. Х. ДЕЛОКАРЕВ, К проблеме философского истол-

кования квантовой механики в СССР (конец 20-х-начало 30-х годов). В: Некоторые философские проблемы физики, выпуск II. Знание, Москва 1970, стр. 62—88.

П. С. Дышлевый, Ф. М. Канак, Материалистическая философия и развитие естесвознания, Вища школа, Киев 1977.

67 Ф. Риттер, Диалектический материализм и новая атомная физика. В: Под знаменем марксизма 1929, № 9, стр. 191—207.

68 Ф. М. Гальперин, М. А. Марков, Соотношение неточностей в квантовой механике. В: Под знаменем марксизма 1932 № 9—10, стр. 171—196.

69 С. И. Вавилов, Новавя физика и диалектический материализм. В: Под знаменем марксизма 1938, № 12, стр. 27—33.

А. Ф. Иоффе, Ополжении на философском фронте советской физики. В: Под знаменем марксизма 1937, № 11—12, стр. 131—144.

Е. И. Тамм, О работе философов марксистов в области физики. В: Под знаменем марксизма 1933, № 2, стр. 220—231.

В. А. Фок, К дискуссии по вопросам физики. В: Под знаменем марсксизма 1938, № 1, стр. 149—159.

70 W. I. Lenin, Materialismus und Empiriokritizismus. In: W. I. Lenin, Werke, Bd. 14, Dietz Verlag, Berlin 1968, S. 291.

71 А. А. Максимов, Введение в современное учение о материи и движении. Философские очерки по вопросам теоретической физики, Москва 1941.

В. Ф. Миткевич, Основные физические возрения, Москва 1936.

72 А. Максимов, О физическом идеализме и защите его акад. А. Ф. Иоффе. В: Под знаменем марксизма 1937, № 11—12, стр. 157—191.

А. К. Тимирязев, Волна иделаизма в современной физики на Западе и у нас. В: Под знаменем марскизам 1933, № 5.

А. К. Тимирязев, Еще раз о волне идеализма в современной физике. В: Под знаменем марксизма 1938, № 4, стр. 124—152.

73 Geschichte der marxistischen Dialektik. Die Leninsche Etappe, Dietz Verlag, Berlin 1976, S. 183ff.

74 Dafür stehen Titel wie:
С. А. Равикович, Борбьа Материлизма с идеализмом в квантовой механике, Куиев 1957.
А. В. Шугайлин, Борьба материализма с идеализмом в квантовой механике, Киев 1963.
Л. Г. Яковлев, Против ракционных воззрений в физике, Ташкент 1951.

75 Relativ selten waren dagegen kritische Analysen dieser Fehlschlüsse zu finden. Siehe beispielsweise:
В. А. Фок, Против невсжественной критики современных физических теорий. В: Вопросы философии 1953, № 1, стр. 168–174.

76 Философские вопросы современной физики, АН СССР, Москва 1952.
Философские вопросы современной физики, АН СССР, Киев 1956.
Проблема причинности в современной физики, АН СССР, Москва 1960.
Jauch wird den in diesen u. a. Arbeiten angeschnittenen Problemen nicht voll gerecht, wenn er in seinem „zeitgenössischen galileischen Dialog" die Argumente zugunsten verborgener Parameter ausschließlich dem Simplicio in den Mund legt. Weizsäcker vereinfacht die Probleme noch weiter, wenn er in seinem Vorwort zu Jauchs Buch schreibt: „Die einzige Rechtgläubigkeit, gegen deren Mißtrauen sie (die Quantentheorie — U. R.) sich mit politischen Konsequenzen verteidigen mußte, war die des dialektischen Materialismus."
C. F. v. Weizsäcker. In: J. M. Jauch, Die Wirklichkeit der Quanten, Carl Hanser Verlag, München 1973, S. 9.

77 K.-F. Alexander, Gedanken über die Entwicklungsgeschichte des physikalischen Weltbildes. In: Einheit 7 (1948) 644–650.
G. Harig, Weltanschauung und moderne Physik. Planck und die Quantentheorie (1946). In: G. Harig, Ausgewählte philosophische Schriften 1934–1959, Karl-Marx-Universität Leipzig 1973, S. 77–95.
Ders., Der dialektische Materialismus und die moderne Naturwissenschaft (1959), Ebenda, S. 97–106.

A. RIECK (K.-F. ALEXANDER), Kausalität — Notwendigkeit — Freiheit. In: Einheit **5** (1948) 445—451.
H.-J. TREDER, Der dialektische Aufbau der Materie. In: Einheit **10** (1947) 987—988.
Ders., Die Konstitutionsgesetze der Materie. In: Einheit **12** (1947), 1195—1201.
Ders., Dialektik und Kausalität. In: Einheit **5** (1948), 452—456.
Ders., Die Kopenhagener Schule. In: Einheit **12** (1948), 1187—1193.
K. ZWEILING, Dialektischer Materialismus und theoretische Physik, Akademie-Verlag, Berlin 1950.

78 B. FOGARASI, Kritik des physikalischen Idealismus, Aufbau-Verlag, Berlin 1953.
V. STERN, Erkenntnistheoretische Probleme der modernen Physik, Aufbau-Verlag, Berlin 1952.

79 Vgl. dazu beispielsweise die von der Deutschen Zeitschrift für Philosophie von 1953 bis 1957 geführte Diskussion zum Buch von VIKTOR STERN (Anm. 78), entsprechende Artikel in Вопросы философии dieser Jahrgänge u. a.

80 Naturwissenschaft und Philosophie, Akademie-Verlag, Berlin 1960.
Philosophische Probleme der modernen Naturwissenschaft. Materialien der Allunionskonferenz zu den philosophischen Fragen der Naturwissenschaft Moskau 1958, Akademie-Verlag, Berlin 1962.

81 H. HÖRZ, Atome Kausalität Quantensprünge. VEB Deutscher Verlag der Wissenschaften, Berlin 1964.
U. KUNDT, B. WENZLAFF, Bewegung und Widerspruch, VEB Deutscher Verlag der Wissenschaften, Berlin 1962.
M. E. OMELJANOWSKI, Philosophische Probleme der Quantenmechanik, VEB Deutscher Verlag der Wissenschaften, Berlin 1962.
А. ПОЛИКАРОВ, Относительность и кванты, Прогресс Москва 1966.

82 V. A. FOCK, Über die Deutung der Quantenmechanik. In: Max-Planck-Festschrift 1958, VEB Deutscher Verlag der Wissenschaften, Berlin 1958, S. 177—196.
В. А. ФОК, Квантовая физика и строение материи, Издательство Ленинградского университета 1965.

83 Siehe dazu insbesondere:

H. Hörz, Der dialektische Determinismus in Natur und Gesellschaft, VEB Deutscher Verlag der Wissenschaften, Berlin 1974.
H. Korch, Das Problem der Kausalität, VEB Deutscher Verlag der Wissenschaften, Berlin 1965.
J. Sačkov, Wahrscheinlichkeit und Struktur, Akademie-Verlag, Berlin 1978.
Л. Г. Антипенко, Проблема физической реальности, Наука Москва 1973.
В. В. Бажан, П. С. Дышлввый, В. С. Лукьянец, Диалектический материализм и проблема реальности, Наукова думка, Киев 1974.
П. И. Визир, А. Д. Урсул, Диалектика определенности и неопреленности, Штиинца, Кишинев 1976.
В. Г. Иванов, Детерминизм в философии и физике, Наука, Ленинград 1974.
М. А. Парнюк, Детерминизм диалектического материализма, Наукова думка, Киев, 1967.
Проблема возможности и действительности, Наука, Москва Ленинград 1964.
Современный детерминизм законы природы, Мысль, Москва 1973.
Современный детерминизм и наука, Наука, Новосибирск 1975, т. 1—2.
Современное естествознание и материалистическая диалектика, Наука, Москва 1977.

84 Siehe dazu Auswahlbibliographie: 4. Philosophische Fragen der Quantenmechanik und dialektischer Materialismus.

85 Es sind dies beispielsweise Positionen, wie sie vom Standpunkt des kritischen Realismus (*KRe*), des kritischen Rationalismus (*KRa*), des Operationalismus (*O*), des Konventionalismus (*K*) u. a. philosophischer Strömungen formuliert werden. Vgl. dazu:

KRe: W. Büchel, Philosophische Probleme der Physik Verlag Herder, Freiburg/Basel/Wien 1965.
W. Del Negro, Konvergenzen in der Gegenwartsphilosophie und die moderne Physik, Duncker & Humblot, Berlin 1970.

KRa: K. R. Popper, Quantum Mechanics without "The Observer". In: M. Bunge (Ed.) XX, Quantum Theory and Reality, Springer-Verlag, Berlin/Heidelberg/New York 1967, S. 7—44.

O: P. W. Bridgman, The Nature of Some of Our Physical Concepts, Philosophical Library, New York 1952.
K: H. Dingler, Der Glaube an die Weltmaschine und seine Überwindung, F. Enke-Verlag, Stuttgart 1932.

86 Erinnert sei an die Diskussionen zwischen Fok und Bohr; Aleksandrov, Blochinzev, Fok und Heisenberg; Omeljanovski, Vogel und Born; den Besuch Bohrs in Moskau (1961) u. a.

87 Die philosophischen Auffassungen W. Paulis wurden bisher in der dialektisch-materialistischen Literatur nur ungenügend gewürdigt. Vgl. D. Hermann, Paulis Deutung der modernen Physik. In: Wissenschaftliche Zeitschrift der Ernst-Moritz-Arndt-Universität Greifswald (Math. natw. R.) **2/3** (1964) 273–276.
Beachte auch:
W. Heisenberg, Wolfgang Paulis philosophische Auffassungen (1959). In: W. Heisenberg, Schritte über Grenzen, a. a. O., S. 43–52.
Wir verfügen noch nicht über eine dialektisch-materialistische Würdigung des philosophischen Gesamtschaffens C. F. v. Weizsäckers. Korchs Arbeit ist einseitig auf die Analyse *einer* Tendenz in v. Weizsäckers Schriften gerichtet. Die teilweise hinter idealistischen Formulierungen Weizsäckers verborgenen Probleme werden in Korchs Untersuchung kaum konstruktiv aufgegriffen.
Vgl. dazu:
H. Korch, Zur Kritik des physikalischen Idealismus C. F. v. Weizsäckers, VEB Deutscher Verlag der Wissenschaften, Berlin 1959.

88 Vgl. dazu Auswahlbibliographie: 3. Erinnerungen; Physiker über philosophische Fragen der Quantenmechanik.

89 W. Schwirtz, Quantenphysik und Kausalproblem, Diss. Köln 1965, S. 79ff.

90 B. d'Espagnat, Grundprobleme der gegenwärtigen Physik, Friedr. Vieweg & Sohn, Braunschweig 1971.

91 Ebenda, S. 94.

92 M. Bunge, Philosophy of Physics, D. Reidel Publishing Company, Dordrecht – Holland/Boston – USA 1973.
D. Bohm, Quantum Theory as an Indication of a New Order in Physics. In: B. d'Espagnat (Ed.), Foundations of Quantum Mechanics, Academic Press, New York and London 1971.

H. MARGENAU, The nature of physical reality. A philosophy of modern physics, McGraw Hill Book Company Inc. 1970 (1. Auflage 1950).

93 J. S. BELL, Introduction to the Hidden — Variable Question. In: B. D'ESPAGNAT (Ed.), Foundations of Quantum Mechanics, a. a. O., S. 171—181.

94 P. MITTELSTAEDT, Philosophische Probleme der modernen Physik, Bibliographisches Institut, Mannheim 1972, S. 157—165.

95 B. D'ESPAGNAT, Conceptual foundations of quantum mechanics, Benjamin Reading Mass 1976.

96 C. GEORGE, I. PROGOGINE, L. ROSENFELD, The Macroscopic Level of Quantum Mechancis. In: Det Kongelige Danske Videnskabernes Selskeb Matematisk — fysiske Meddelelser **38**, 12 København 1972.

97 B. S. DE WITT, The Many Universes Interpretation of Quantum Mechaniscs. In: B. D'ESPAGNAT (Ed.) Foundations of Quantum Mechanics, a. a. O., S. 211—262.

98 H. D. ZEH, On the Interpretation of Measurement in Quantum Theory. In: Foundations of Physics **1**, 1 (1970) S. 69—76.

99 G. LUDWIG, Deutung des Begriffs „physikalische Theorie" und axiomatische Grundlegung der Hilbertraumstruktur der Quantenmechanik durch Hauptsätze des Messens, Verlag Springer, Berlin/Heidelberg/New York 1970.

100 E. P. WIGNER, Epistemological Perspective on Quantum Theory. In: C. A. HOOKER, Contemporary Research in the Foundations and Philosophy of Quantum Theory, D. Reidel Publishing Company, Dordrecht — Holland/ Boston — USA 1973, S. 369—385.

101 Siehe dazu: C. A. HOOKER, Contemporary Research, a. a. O.

102 E. SCHEIBE, Die kontingenten Aussagen der Physik, Athenäum-Verlag, Bonn/Frankfurt/M. 1964.

103 C. F. v. WEIZSÄCKER, Die Einheit der Natur, Verlag Hanser, München 1971, S. 167 ff.

104 A. MÜLLER, Quantum mechanics: A physical world picture, Akademiai kiado, Budapest 1974, S. 64 ff.

105 Diese Formulierung geht auf H. LEY zurück.

106 U. RÖSEBERG, Determinismus und Physik, a. a. O., S. 36ff.

Kapitel 5

1 Hier folgt der Autor der Darstellung von H. Hörz, Marxistische Philosophie und Naturwissenschaften, Berlin 1977.
Vgl. dazu auch das praktische Vorgehen in der Mehrzahl der sowjetischen Publikationen über philosophische Fragen der Naturwissenschaften.
2 E. Dölling, J. Erpenbeck, Philosophische und einzelwissenschaftliche Verallgemeinerung (im Druck).
3 H. Hörz, H. D. Pöltz, Philosophische Probleme der Physik, VEB Deutscher Verlag der Wissenschaften, Berlin 1977.

Auswahlbibliographie

1. Geschichte der Quantentheorie

[1] D. ter Haar, Quantentheorie, Einführung und Originaltexte, Akademie-Verlag, Berlin 1970.
[2] A. Hermann, Frühgeschichte der Quantentheorie (1899 bis 1913), Physik Verlag, Mosbach in Baden 1969.
[3] F. Hund, Geschichte der Quantentheorie, Bibliographisches Institut, Mannheim/Wien/Zürich 1975.
[4] M. Jammer, The Conceptual Development of Quantum Mechanics, McGraw — Hill Book Company, New York 1966.
[5] M. Jammer, The Philosophy of Quantum Mechanics, John Wiley & Sons, New York/London,/Sydney/Toronto 1974.
[6] H. Kangro, Vorgeschichte des Planckschen Strahlungsgesetzes, Franz Steiner Verlag GmbH, Wiesbaden 1970.
[7] G. Ludwig, Wellenmechanik, Einführung und Originaltexte, Akademie-Verlag, Berlin 1969.
[8] J. Mehra, The Solvay Conferences on Physics, D. Reidel Publishing Company, Dordrecht — Holland/Boston — USA 1975.
[9] H.-G. Schöpf, Von Kirchhoff bis Planck, Theorie der Wärmestrahlung in historisch-kritischer Darstellung, Akademie-Verlag, Berlin 1978.

[10] П. С. Кудрявцев, Курс истории физики, Просвещение, Москва 1974.
[11] Б. Г. Кузнецов, Основы теории относительности и квантовой механики в их историческом развитии, АН СССР Москва 1957.
[12] Б. Г. Кузнецов, Очерки физической атомистики XX века, Наука Москва 1966.
[13] Б. И. Спасский, История физики, ч. II, Высшая школа, Москва 1977.
[14] У. И. Франкфурт, Ф. А. Моисеевич, У истоков квантовой теории, Наука Москва 1975.

2. *Quellen zur Geschichte der Quantentheorie*

[1] Die moderne Atomtheorie, J. A. Barth, Leipzig 1934.
[2] N. Bohr, Atomtheorie und Naturbeschreibung, J. Springer, Berlin 1931.
[3] L. de Broglie, Untersuchungen zur Quantentheorie, Akademische Verlagsgesellschaft, Leipzig 1927.
[4] P. A. M. Dirac, Die Prinzipien der Quantentheorie, Hirzel-Verlag, Leipzig 1930.
[5] Dokumente der Naturwissenschaft. Abteilung Physik,
Bd. 1: M. Born, Zur statistischen Deutung der Quantentheorie, 1962.
Bd. 2: M. Born, W. Heisenberg, P. Jordan, Zur Begründung der Matrizenmechanik, 1962.
Bd. 3: E. Schrödinger, Die Wellenmechanik, 1963.
Bd. 4: W. Heisenberg, N. Bohr, Die Kopenhagener Deutung der Quantentheorie, 1963.
Bd. 5: N. Bohr, Das Bohrsche Atommodell, 1964.
Bd. 6: J. Stark, H. Schwarzschild, P. Epstein, Der Stark-Effekt, 1965
Bd. 7: A. Einstein, Die Hypothese der Lichtquanten, 1965.
Bd. 8: Sammelband, Die Quantentheorie der spezifischen Wärme, 1967.
Bd. 9: J. Frank, G. Hertz, Die Elektronenstoßversuche, 1967.
Bd. 10: A. Haas, Der erste Quantenansatz für das Atom, 1965.

Bd. 11: M. Planck, Die Entstehung des Wirkungsquantums, 1969.
Bd. 12: M. Planck, Die Quantenhypothese, 1969.
[6] A. Einstein — A. Sommerfeld, Briefwechsel, Schwabe Co. Verl., Basel/Stuttgart 1968.
[7] A. Einstein, H. und M. Born, Briefwechsel 1916—1955. Nymphenburger Verlagsbuchhandlung, München 1969.
[8] W. Heisenberg, Die physikalischen Prinzipien der Quantentheorie, S. Hirzel, Leipzig 1930.
[9] T. S. Kuhn, J. L. Heilbron, P. Forman, L. Allen, Sources for history of quantum physics, Amer. Philos. Soc., Philadelphia 1967.
[10] J. v. Neumann, Mathematische Grundlagen der Quantenmechanik, J. Springer, Berlin 1932.
[11] K. Przibram, Briefe zur Wellenmechanik, Wien 1963.
[12] E. Schrödinger, Abhandlungen zur Wellenmechanik, J. A. Barth, Leipzig 1926.
[13] B. L. van der Waerden, Sources for History of Quantum Physics, North-Holland Publ. Co., Amsterdam 1967.
[14] Die Theorie der Strahlung und der Quanten, Halle 1914.

3. *Erinnerungen; Physiker über philosophische Fragen der Quantenmechanik*

[1] T. Bastin (Ed.), Quantum Theory and Beyond, University Press, Cambridge 1971.
[2] N. Bohr, Atomphysik und menschliche Erkenntnis. Friedr. Vieweg & Sohn, Braunschweig 1964 (Bd. 1), 1966 (Bd. 2).
[3] M. Born, Physik im Wandel meiner Zeit, Akademie-Verlag, Berlin 1957.
[4] F. Bopp (Hrsg.), Werner Heisenberg und die Physik unserer Zeit, Friedr. Vieweg & Sohn, Braunschweig 1961.
[5] J. Bub, The Interpretation of Quantum Mechanics. D. Reidel Publ. Comp. Dordrecht — Holland, Boston — USA 1974.
[6] H. P. Dürr (Hrsg.), Quanten und Felder, Friedr. Vieweg & Sohn, Braunschweig 1972.
[7] A. Einstein, Aus meinen späten Jahren, Deutsche Verlags-Anstalt, Stuttgart 1952.

[8] A. EINSTEIN, Mein Weltbild, Ullstein GmbH, Frankfurt/M./Berlin/Wien 1972.

[9] B. D'ESPAGNAT (Eds.) Foundations of Quantum Mechanics, Academic Press, New York and London 1971.

[10] B. D'ESPAGNAT, Conceptual foundations of quantum mechanics, Benjamin Reading, Mass. 1976.

[11] M. FIERZ, V. F. WEISKOPF (eds.), Theoretical Physics in the Twentieth century, 1960.

[12] W. HEISENBERG, Physik und Philosophie, Ullstein GmbH, Frankfurt/M./Berlin/Wien 1959.

[13] W. HEISENBERG, Das Naturbild der heutigen Physik, Rowohlt-Verlag, Hamburg 1970.

[14] W. HEISENBERG, Der Teil und das Ganze, R. Piper & Co., München 1969.

[15] W. HEISENBERG, Schritte über Grenzen, R. Piper & Co., München 1971.

[16] C. A. HOOKER, Contemoprary Research in the Foundations and Philosophy of Quantum Theory, D. Reidel Publ. Comp., Dordrecht — Holland/Boston — USA 1973.

[17] 75 Jahre Quantentheorie, Festband zum 75. Jahrestag der Entdeckung des Planckschen Wirkungsquantums, Akademie-Verlag, Berlin 1977.

[18] S. KÖRNER (Hsg.) Observation and Interpretation, London 1957.

[19] J. MEHRA, The Quantum Principle, D. Reidel Publ. Comp., Dordrecht — Holland/Boston — USA 1974.

[20] W. PAULI, Aufsätze und Vorträge über Physik und Erkenntnistheorie, Vieweg & Sohn, Braunschweig 1961.

[21] W. YOURGRAU (Ed.), Perspectives in quantum theory, MIT press cop, Cambridge (Mass.)/London 1971.

[22] A. PETERSEN, Quantum Physics and the Philosophical tradition, MIT press cop, Cambridge (Mass.)/London 1968.

[23] S. ROZENTAL, Niels Bohr, his life and work as seen by his friends an colleagues, North-Holland Publishing Company, Amsterdam 1967.

[24] A. SALAM, E. P. WIGNER (Ed.) Aspects of Quantum Theory, Cambridge University Press 1972.

[25] E. SCHEIBE (Hrsg.), Einheit und Vielheit, Vandenhoeck & Rupprecht 1973.

[26] SCHILPP (Hrsg.), Albert Einstein als Philosoph und Naturforscher, W. Kohlhammer Verlag, Stuttgart 1951.

[27] E. Schmutzer (Hrsg.), 75 Jahre Plancksches Wirkungsquantum — 50 Jahre Quantenmechanik, Deutsche Akademie der Naturforscher Leopoldina Halle (Saale) 1976.
[28] E. Schrödinger, Meine Weltansicht, Paul Zsolnay Verlag, Hamburg/Wien 1961.
[29] M. Strauss, Modern physics and its philosophy, D. Reidel Publ. Comp., Dordrecht — Holland/Boston — USA 1972.
[30] W. C. Price (Ed.), Wave mechanics the first fifty years, Butterworths London 1973.
[31] C. F. von Weizsäcker, Zum Weltbild der Physik, Hirzel-Verlag, Stuttgart 1970.
[32] C. F. v. Weizsäcker, Die Einheit der Natur, Carl Hanser-Verlag, München 1970.
[33] H. Weyl, Philosophie der Mathematik und Naturwissenschaft, R. Oldenbourg, München—Wien 1966.
[34] А. И. Ахиезер, Р.В. Половин, Почему невозможно в квантовую механику скрытые параметпы, В: Успехи физических наук 1972 т. 107 вып. 3, стр. 463—487.
[35] Д. И. Блохинцев, Принципиальные вопросы квантовой механики, Наука Москва 1966.
[36] Ю. М. Ломсадзе, Квантовая теория и современная естественнонаучная картина мира. В: Научные доклады высшей школы. Философские науки 1977, № 1, стр. 63—72.
[37] В. А. Фок, Квантовая физика и строение материи, издательство Ленинградского университета 1965.

4. *Philosophische Fragen der Quantenmechanik und dialektischer Materialismus*

[1] V. A. Fok, Über die Deutung der Quantenmechanik. In: Max-Planck-Festschrift 1958, VEB Deutscher Verlag der Wissenschaften, Berlin 1958, S. 177—196.
[2] V. A. Fok, Quantenphysik und Struktur der Materie. In: Struktur und Formen der Materie, VEB Deutscher Verlag der Wissenschaften, Berlin 1969, S. 147—174.
[3] V. A. Fok, Quantenphysik und philosophische Probleme. In: Dialektik in der modernen Naturwissenschaft, Akademie-Verlag, Berlin 1973, S. 124—141.
[4] K. Fuchs, Moderne Physik und marxistisch-leninistische

Philosophie. In: Deutsche Zeitschrift für Philosophie, Sonderheft 1965, S. 59–68.

[5] K. Fuchs, Über die Kategorie der Möglichkeit und die Entwicklungsstufen der Materie. In: Deutsche Zeitschrift für Philosophie 4 (1972) 410–417.

[6] H. Hörz, Atome Kausalität Quantensprünge, VEB Deutscher Verlag der Wissenschaften, Berlin 1964.

[7] H. Hörz, Philosophische Aspekte der Quantenmechanik. In: 75 Jahre Quantentheorie, Akademie-Verlag, Berlin 1977, S. 169–180.

[8] M. E. Omeljanowski, Philosophische Probleme der Quantenmechanik, VEB Deutscher Verlag der Wissenschaften, Berlin 1962.

[9] Л. Г. Антипенко, Проблема физической реальности, Наука Москва 1973.

[10] В. В. Бажан, П. С. Дышлевый, В. С. Лукьянец, Диалектический материализм и проблема реальности в современной физике, Наукова думка Киев 1974.

[11] В. П. Бранский, Философские основания проблемы синтеза релятивистских и квантовых принципов, Издательство Ленинградского университета Ленинград 1977.

[12] Г. Братоев, Квантова механика и причинност, Издателство на българската академия на науките, София 1970.

[13] В. С. Готт, Философские вопросы современной физики, Высшая школа Москав 1972.

[14] В. С. Готт, Ф. В. Недзельский, Диалектика прерывности и непререывности в физической науке, Мысль, Москва 1975.

[15] Г. П. Дишкант, Интерпретация квантовой механики, Днепропетровск 1970.

[16] В. Г. Иванов, Детерминизм в философии и физике, Наука, Ленинград 1974.

[17] Квантовая механика и философские проблемы современной физики, Знание, Москва 1976.

[18] Б. Г. Кузнецов, Принцип дополнительности, Наука, Москва 1968.

[19] В. Т. Мещеряков, Соответсвие как отношение и принцип, Наука, Ленинград 1975.

[20] М. Э. Омельяновский, Диалектика в современной физике, Наука, Москва 1973.

[21] А. И. Панченко, Континуум и физика, Наука, Москва 1975.
[22] А. Поликаров, Относительность и кванты, Прогресс, Москва 1966.
[23] Принцип дополнительности и материалистическая диалектика, Наука, Москва 1976.
[24] Проблемы диалектико — материалистического истолкования квантовой теории, Наукова думка, Киев 1972.
[25] М. Сабитов, Диалектика необходимости и случайности в квантовой механике, Наука, Алма Ата 1974.
[26] М. Усманов, Диалектика в квантовой механике, ФАН Узбекской СССР Ташкент 1975.
[27] Философские вопросы кватовой физики, Наука, Москва 1970.
[28] И. З. Цехмистро, Диалектика множественного и единого, квантовые свойства мира как нкделимого целого, Мысль, Москва 1972.

Sachverzeichnis

Namenverzeichnis

Der Autor

- **analysiert den philosophisch-weltanschaulichen Hintergrund der Herausbildung und Entwicklung der nichtrelativistischen Quantenmechanik**

- **schätzt die bisherigen Diskussionen zu philosophischen Problemen dieser physikalischen Theorie auf dialektisch-materialistischer Grundlage ein**

- **wendet sich an Physiker, Philosophen und alle an philosophischen Fragen der Wissenschaftsentwicklung Interessierten**

WISSENSCHAFTLICHE TASCHENBÜCHER

Bei Fragen zur Produktsicherheit wenden Sie sich bitte an:
If you have any questions regarding product safety,
please contact:

Walter de Gruyter GmbH
Genthiner Straße 13
10785 Berlin
productsafety@degruyterbrill.com